LA VIE

ET

LA SANTÉ

CORBEIL, typ. et stér. de CRÉTÉ

LA VIE

ET

LA SANTÉ

PRÉCIS DE PHYSIOLOGIE ET D'HYGIÈNE

DOCTRINES ET SUPERSTITIONS MÉDICALES

PAR

LE D* A. TRIPIER

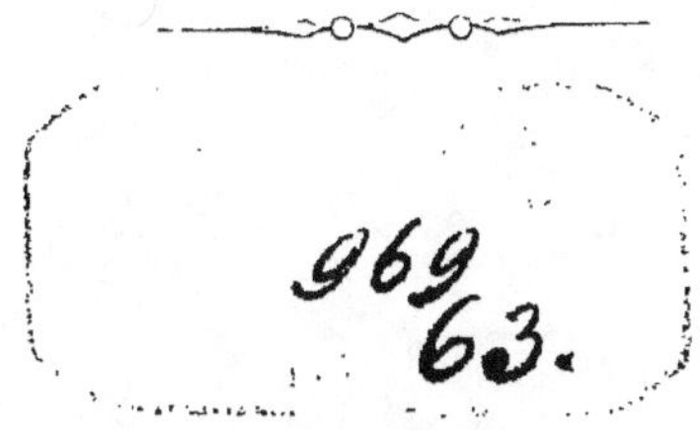

PARIS

LIBRAIRIE DE MADAME MAYER-ODIN

24, PLACE DAUPHINE

—

1863

PRÉFACE

Il y a dix ans, l'Académie de médecine mettait au concours un précis d'*Hygiène populaire* en *vingt-cinq leçons*. Un travail destiné à ce concours, mais qui ne put être terminé dans les délais voulus, fut la première ébauche du livre que nous publions aujourd'hui.

N'ayant plus à nous enfermer dans les données d'un programme, nous avons entièrement refait cet ouvrage.

Et d'abord, nous avons pensé que pour vulgariser les préceptes de l'hygiène, il fallait moins compter sur l'enseignement populaire que sur le concours du public qui lit, du public dont l'exemple est la plus active des propagandes. C'est donc plus spécialement pour lui que nous avons écrit.

D'autre part, la forme de leçons impose des divisions artificielles, et ne permet pas toujours de régler l'étendue des considérations qu'on a à présenter sur l'intérêt du sujet auquel elles se rapportent. Le cadre primitif nous paraissant, pour cette raison, offrir des inconvénients sans compensations suffisantes, nous y avons renoncé.

Enfin, il nous a semblé impossible de séparer l'hygiène de la physiologie, l'étude des conditions de la santé de celle du mécanisme de la vie. Aussi avons-nous exposé tout d'abord les données les plus générales de la physiologie, nous réservant de revenir sur quelques points spéciaux à l'occasion des questions d'hygiène qui devraient s'y rattacher.

Deux chapitres sont consacrés à des vues d'ensemble sur la maladie, sur les doctrines et les superstitions médicales. Du moment qu'on s'adresse à un public dont il n'y a pas lieu d'essayer l'instruction médicale, il importe de le garantir contre les applications dangereuses qu'il pourrait être tenté de faire de notions incomplètes ou erronées. C'est pour cette raison que, persuadué de l'inutilité des connaissances médicales chez les gens du monde, nous avons regardé néanmoins la matière de ces chapitres comme appartenant légitimement à leur éducation hygiénique. Nous nous sommes appliqué d'ailleurs avec le plus grand soin à parler de *la maladie* sans *faire de la médecine.*

Une table-dictionnaire, placée à la fin du volume, facilitera les recherches. Nous lui avons donné assez de développement pour qu'on y trouve les définitions de tous les termes employés dans le cours de l'ouvrage. Le dictionnaire nous a dispensé d'embarrasser le texte de notes qui eussent inévitablement nui à sa clarté.

PREMIÈRE PARTIE

LA VIE

PHYSIOLOGIE

1. Suivant que l'on considère les êtres vivants isolément et à l'état de repos, ou qu'on les envisage dans leurs rapports apparents avec le monde extérieur, les phénomènes de la vie offrent chez eux deux aspects bien différents.

Les uns, en effet, n'ont pour but que de rendre possible, entre l'individu et le milieu dans lequel il vit, l'échangede matériaux qui assure sa conservation par le développement et le renouvellement incessant de ses tissus : on les a nommés phénomènes de la *vie de nutrition* ou *végétative*. Leur accomplissement, toujours indépendant de la volonté, s'effectue sans déplacement et n'est pas même interrompu par l'état d'inertie apparente que présentent les animaux pendant le sommeil.

D'autres phénomènes ont pour but d'assurer les rapports entre l'individu vivant et les objets ou les êtres qui l'entourent : on les a nommés phénomènes de la *vie de relation* ou *animale*.

2. Dans les habitudes ordinaires de la vie, nous n'observons que les phénomènes de relation : nous voyons nos semblables marcher, parler, écouter, saisir les objets, les regarder, juger de leur saveur, de leur odeur, etc., enfin user des facultés diverses qui leur permettent de multiplier de mille manières leurs points de contact avec le monde qui les entoure. Mais il faut avoir qu'en même temps d'autres organes existent en

eux, chargés de l'accomplissement des fonctions nutritives, organes dont le fonctionnement est jusqu'à un certain point indépendant des manifestations extérieures de la vie, et qui constituent en quelque sorte un individu distinct, sans volonté et sans conscience de ses sensations, chez celui que nous voyons agir en vertu de déterminations volontaires et raisonnées.

3. Les actes de la vie de nutrition, comme ceux de la vie de relation, ne peuvent être étudiés indépendamment du milieu dans lequel ils s'accomplissent; toutes leurs manifestations traduisent l'influence qu'exerce sur eux ce milieu.

La vie de *nutrition*, en effet, nous présente un continuel échange de matériaux entre l'être vivant et l'extérieur; tandis que, dans la vie de *relation*, la plupart des phénomènes reconnaissent directement pour point de départ l'influence de ce milieu extérieur, comme nous le verrons quand nous nous occuperons du système nerveux.

Bien que la solidarité la plus étroite relie entre elles les manifestations de ces deux vies, nous devons cependant les étudier séparément pour rendre intelligible le mécanisme de chacune d'elles. Nous commencerons par la vie de relation, dont les actes, tout extérieurs, doivent frapper d'abord les personnes dont l'attention est appelée pour la première fois sur ces matières.

CHAPITRE Ier

VIE DE RELATION OU ANIMALE

4. Les manifestations extérieures des êtres vivants devaient appeler tout d'abord l'attention des observateurs ; aussi elles ont été étudiées les premières et ont servi de base aux diverses classifications zoologiques.

Une autre raison devait encore leur assigner ce rôle. Tandis que les actes de la vie *végétative* concourent au but constamment le même du développement et de la nutrition, mais qu'ils atteignent par des procédés uniformes, les actes de la vie de *relation* présentent des différences notables, en raison de la grande variété des rapports qu'ont les différents êtres avec ce qui les entoure et du grand perfectionnement qu'on voit subir aux appareils de la vie de relation à mesure qu'on s'élève des êtres inférieurs à ceux qui sont plus parfaits. C'est ainsi que, malgré l'immense distance qui les sépare dans l'échelle des êtres, l'homme et l'huître, si différents par les manifestations extérieures de leur existence, n'offrent aucune différence fondamentale au point de vue de la nutrition : ils digèrent leurs aliments et se les assimilent par des procédés tout à fait semblables.

5. Avant d'examiner par quelles ressources s'entretient la machine humaine, nous en donnerons une description sommaire, bornée d'abord aux organes de la vie de relation les plus apparents, à ceux dont le fonctionnement détermine les changements temporaires de forme et de situation.

L'ensemble de ces organes constitue ce qu'on a appelé, en raison de leur destination, l'*appareil locomoteur*.

I

APPAREIL LOCOMOTEUR.

6. Le corps humain doit sa forme à une véritable charpente, le squelette (*fig.* 1).

Le squelette est formé par la réunion de pièces solides nombreuses, les *os*, réunies les unes aux autres par des moyens qui leur assurent une stabilité suffisante, tout en laissant à quelques-unes d'entre elles une mobilité assez grande, mobilité nécessaire dans la charpente d'un édifice qui se déplace et doit exécuter les mouvements les plus variés.

7. Au lieu d'être soudés ensemble pour former le squelette, les os sont donc articulés les uns avec les autres. La partie où se réunissent deux ou plusieurs os prend le nom d'*articulation*.

Les articulations ne se ressemblent pas. Tandis que les unes, celles de l'épaule et de la hanche, par exemple, permettent aux parties qu'elles réunissent d'accomplir des mouvements variés et étendus autour de

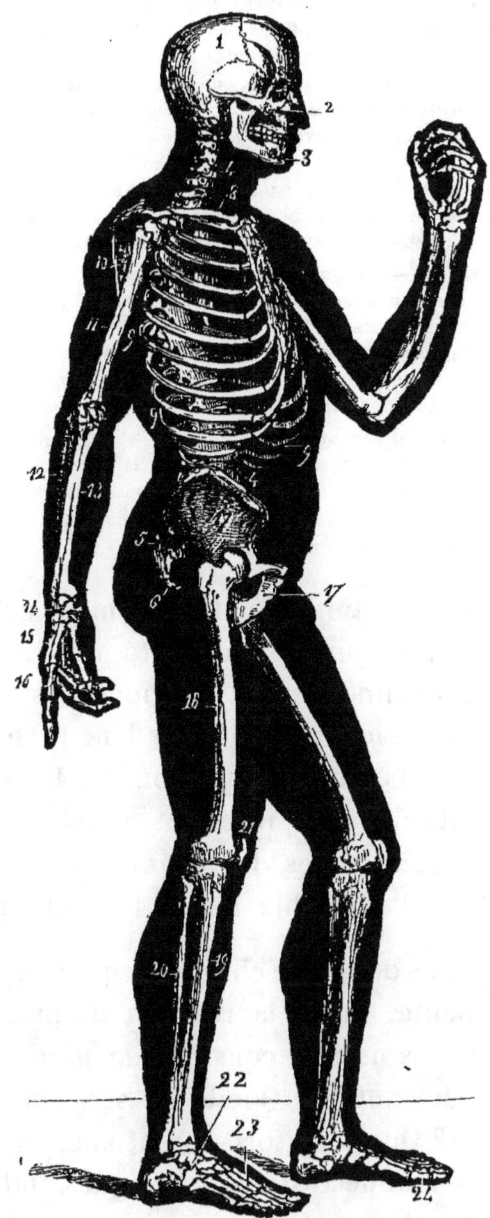

Fig. 1. — SQUELETTE.

TÊTE. — 1, *crâne*, boîte arrondie formée par la réunion de plusieurs os plats.

— 2, *face*, constituée par des os de forme très-irrégulière, soudés entre eux et aux os du crâne. — 3, *mâchoire inférieure*, s'articulant avec le crâne.

Tronc ou thorax. — 4-4, *colonne vertébrale*, constituée par la superposition de vingt-quatre anneaux osseux appelés *vertèbres*. Les sept vertèbres supérieures sont dites *cervicales*, les douze suivantes *dorsales*, les cinq inférieures *lombaires*. — 5, *sacrum*, os triangulaire, considéré comme formé par la réunion de cinq vertèbres. — 6, *coccyx*, répondant à la queue des animaux. — 7, *sternum*, os plat fermant en avant et au milieu la cage thoracique. — 8, *clavicule*. — 9-9, *côtes*. — 17-17, *os iliaque* ou *coxal*. Les deux os coxaux, réunis entre eux en avant et réunis par le sacrum en arrière, concourent avec celui-ci à former le *bassin*, dont la cavité appartient au tronc, tandis qu'extérieurement il donne attache aux membres inférieurs.

Membres supérieurs. — 10, *omoplate*. — 11, *humérus*, os du bras, mobile à sa partie supérieure dans une cavité que contribuent à former l'omoplate, la clavicule et des ligaments. — 12 et 13, *cubitus* et *radius*, os de l'avant-bras. — 14, *carpe* ou *poignet* formé par huit os courts disposés sur deux rangées. — 15, *métacarpe*, ensemble des cinq os qui soutiennent la partie pleine de la main. — 16, *phalanges* des doigts.

Membres inférieurs s'attachant à l'os iliaque 17. — 18, *fémur*, os de la cuisse. — 19 et 20, *tibia* et *péroné*, os de la jambe. — 21, *rotule*. — 22, *tarse*, formé par la réunion de sept os. — 23, *métatarse*, ensemble des cinq os qui soutiennent la partie pleine du pied. — 24, *phalanges* des orteils.

leur point de jonction, d'autres, comme celles du genou ou du coude, ont une mobilité plus limitée. D'autres encore, comme les articulations des pièces de la colonne vertébrale entre elles, ne leur permettent que des mouvements très-peu prononcés. Il en est enfin qui immobilisent les pièces osseuses qu'elles unissent : telles sont celles qui réunissent les os plats et bombés dont l'ensemble forme la boîte crânienne.

8. Nous avons donc une charpente qui donne la forme. Cette charpente, due à la réunion de pièces mobiles les unes sur les autres, constitue la partie passive de l'appareil locomoteur. Quelle en sera maintenant la partie active ? Quels ressorts feront mouvoir les os ?

— Tout le monde a vu, dans quelques établissements publics, là où il passe trop de monde pour qu'on puisse recommander à chacun de fermer la porte, des bandes de caoutchouc fixées par un bout à la porte et par l'autre à un mur. Lorsqu'on ouvre la porte, elle cède en tendant la bande de caoutchouc, qui, dès qu'on cesse de pousser, revient sur elle-même en vertu de son élasticité. Dans ce mouvement de retrait, elle prend un point d'appui sur son extrémité fixe, et ramène la porte dans son châssis.

Or, les organes actifs du mouvement, chez les animaux, peuvent être comparés assez exactement à cette bande de caoutchouc. Ce sont les masses rouges qui constituent la chair, et qui, s'attachant par chacune de leurs extrémités à des os différents, tendent, en se contractant, à rapprocher leurs points d'insertion, et font mouvoir l'un sur l'autre les os auxquels elles sont fixées. Voilà ce que sont les *muscles*.

Toutefois, nous devons dire qu'ils n'offrent pas une élasticité passive comme le caoutchouc, mais que leur raccourcissement est produit par une contraction active sous l'influence de certains stimulants dont nous aurons à parler, et au premier rang desquels il faut placer l'excitation nerveuse.

9. Dans les parties minces du corps, comme à l'avant-bras, au bas de la jambe, etc., là où un grand nombre de muscles doivent s'insérer sur des parties de peu d'étendue, leur extrémité cesse d'être charnue. Ils se terminent alors par des cordons blancs, ronds ou plats, durs et résistants, que l'on sent sous la peau. Cette terminaison d'un muscle a reçu le nom de *tendon*. Communément, on désigne les tendons sous le nom de *nerfs*; c'est là, comme on le verra tout à l'heure, une application vicieuse d'un mot qui a un tout autre sens.

10. Voilà bien, dira-t-on, une machine parfaitement disposée pour se mouvoir sans trop se détériorer ; mais comment cette machine s'entretient-elle ? qui la fait mouvoir ? quelle excitation fait contracter les muscles ?

— Et d'abord, cette machine est, comme tout le reste du corps, nourrie par le sang, qui, lancé par le cœur dans des canaux ramifiés à l'infini, parcourt les tissus, leur abandonnant les matériaux réparateurs et leur reprenant les matériaux utilisés, qui doivent s'en aller pour faire place à de plus jeunes, à de plus frais, à de plus neufs.

A ce métier le sang s'appauvrirait s'il ne trouvait à réparer ses pertes et à se défaire des éléments qui ne sauraient y demeurer sans le rendre moins propre à remplir son rôle de liquide nourricier.

Pour se maintenir dans une continuelle aptitude à entretenir la vie des tissus qu'il baigne, le sang prend au dehors, dans l'air, dans les aliments, dans les boissons, des matériaux réparateurs ; et il rejette au dehors, par les urines, par la sueur, dans le souffle de la respiration, ceux dont il doit se débarrasser. Le sang forme ainsi l'intermédiaire nécessaire entre la nature extérieure et nos tissus, dans lesquels il n'est pas un atome de matière qui ne vienne du dehors, n'ait passé dans le sang, et n'ait été déposé par lui là où il est.

Mais ce sont là des questions sur lesquelles nous aurons à revenir avec plus de détails lorsque nous nous occuperons de la vie de nutrition.

II

SYSTÈME NERVEUX.

11. Examinons maintenant quels excitants font mouvoir la machine que nous avons vue formée par le squelette recouvert des muscles qui donnent au corps la forme que nous lui connaissons.

Le premier et le plus important de ces excitants est la volonté.

Mais il est des influences qui nous sollicitent au *mouvement* sans que la volonté intervienne. Ces influences ont toutes leur origine dans une *sensation*, dont nous avons quelquefois conscience, mais pas toujours.

12. Les organes chargés de recueillir les sensations et de transmettre aux muscles l'excitation volontaire ou involontaire qui les fait contracter sont les *nerfs*.

A ce double rôle des nerfs répondent deux ordres de filets nerveux : les uns, *sensitifs*, chargés de percevoir les sensations; les autres, *moteurs*, chargés de distribuer aux organes les excitations motrices.

13. Pour que l'harmonie régnât entre les *sensations*, qui fournissent la *raison d'agir*, et les *mouvements*, qui en sont la conséquence, il était nécessaire qu'un lien existât entre les nerfs sensitifs et les nerfs moteurs. C'est, en effet, ce qui a lieu : les nerfs sensitifs partis de toutes les régions du corps viennent aboutir à un organe central qui coordonne les impressions reçues et

les transforme en excitations motrices. Cet organe, donnant en outre naissance aux nerfs moteurs, distribue par eux l'excitation à toutes les parties du corps, par un mécanisme qu'on a comparé à celui du télégraphe électrique, dont les fils immobiles transmettent néanmoins au loin une force mystérieuse qui produit des mouvements.

14. Bien qu'il forme un tout continu, ce *centre nerveux* coordinateur a été, en raison de sa configuration, et aussi en raison de la variété d'aptitudes reconnue à ses différentes parties, divisé en deux portions : l'*encéphale* comprenant le *cerveau* (1, *fig.* 2) et le *cervelet* (2, *fig.* 2), et la *moelle épinière* (4, *fig.* 2).

Il n'est personne qui n'ait entendu parler du *cerveau* : c'est une masse pulpeuse, blanchâtre, logée dans la tête, au-dessus et en arrière de la face, masse d'une configuration extrêmement compliquée et que nous ne devons pas décrire ici. Le cerveau se continue, au niveau de la partie supérieure de la nuque, avec un prolongement en formé de queue nommé la *moelle épinière* (4, *fig.* 2). La moelle épinière descend le long de la partie moyenne du dos, contenue dans un canal osseux nommé *colonne vertébrale* (4-4, *fig.* 1).

15. Nous venons de dire que le *cerveau* et la moelle épinière réunis constituaient le *centre nerveux*.

De ce centre émanent des cordons blanchâtres de deux ordres, les uns (10, 10, *fig.* 2) formés par des filets sensitifs, les autres (11, 11, *fig.* 2) formés par des filets moteurs.

Ces deux ordres de cordons, ou de *racines nerveuses*, distincts à leur origine, se confondent bientôt deux à deux pour former les nerfs *mixtes* (*sensitifs* et *moteurs*), qui vont ensuite se distribuer aux organes dont ils recueillent les sensations et auxquels ils portent le mouvement.

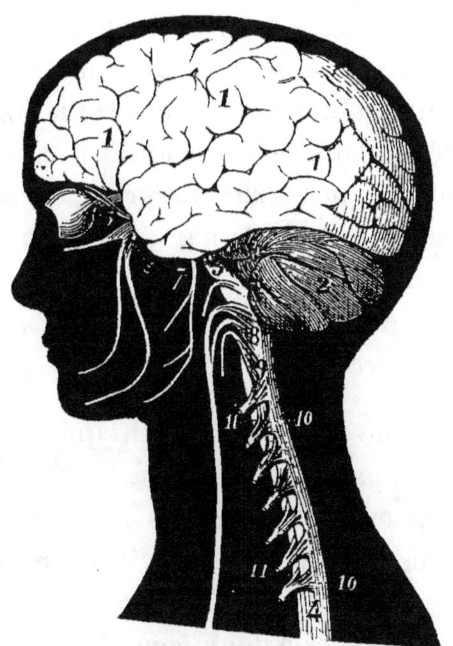

Fig. 2. — CENTRE NERVEUX VU DE PROFIL.

1-1-1, *cerveau*. — 2, *cervelet*. — 3, *bulbe rachidien*. — 4, *moelle épinière*. Du cerveau naissent plusieurs nerfs. La figure en montre un : 5, *nerf optique*, présidant à la vision.

Du bulbe rachidien (3) naissent aussi plusieurs nerfs; on a figuré ici : 6, *nerf trijumeau*, présidant à la sensibilité de la face. — 7, *nerf facial*, donnant à la face le mouvement. — 8, *nerf pneumogastrique*. — 9, *nerf spinal*. Ce dernier nerf tire son origine de plusieurs racines dont les supérieures seules émanent du bulbe rachidien.

On voit, échelonnées le long de la moelle, les origines doubles des paires rachidiennes : 10, *racines postérieures*, sensitives; — 11, *racines antérieures*, motrices. Ces racines se confondent bientôt deux à deux pour former les *nerfs mixtes*, sensitifs et moteurs.

16. En résumé, toutes les impressions affectent les nerfs sensitifs et sont transmises par eux au centre nerveux. Celui-ci réagit ensuite sur les nerfs moteurs, qui

ont la propriété de faire entrer les muscles en contraction et de faire ainsi mouvoir la machine.

La volonté est l'excitant habituel des nerfs de mouvement qui animent les muscles de l'appareil locomoteur. Mais cet excitant n'est pas le seul ; et quand la sensibilité est éveillée, elle peut, par l'intermédiaire des centres nerveux, déterminer une excitation des nerfs moteurs indépendante de la volonté et qui produit ce qu'on a appelé des *mouvements réflexes*. C'est ce qui arrive, par exemple, quand, par suite d'une perception douloureuse subite, on exécute un mouvement brusque et non calculé, comme il arrive à quelqu'un qu'on chatouille ou qu'on frappe à l'improviste.

17. Il n'est donc pas de *mouvement* qui ne reconnaisse pour point de départ une *sensation*.

Ce fait, très-évident pour les *mouvements réflexes*, n'est pas moins vrai lorsqu'il s'agit des *mouvements volontaires*.

En effet, au moyen de deux facultés d'autant plus développées qu'on s'élève davantage dans l'échelle des êtres, la *mémoire* et le *jugement*, le cerveau emmagasine les sensations pour les utiliser à propos comme déterminations motrices.

18. Un appareil nerveux particulier, l'appareil nerveux *grand sympathique*, préside à la sensibilité *ordinairement inconsciente* des organes de la vie de nutrition, et leur envoie les excitations motrices.

Recevant de la moelle épinière une partie des filets qui le constituent, l'appareil nerveux sympathique se trouve relié par ce centre à l'appareil nerveux de la vie de relation. C'est ainsi qu'il peut déterminer des mouvements aussi bien par suite d'une excitation portée sur les nerfs de la sensibilité consciente que par suite de l'excitation portée sur ses propres filets sensitifs ; et que, réciproquement, certaines excitations des nerfs qui président à la sensibilité inconsciente des organes intérieurs peuvent provoquer des mouvements de l'appareil locomoteur.

Il n'est peut-être pas de notion plus importante que celle de ces mouvements réflexes. Seuls ils peuvent donner la clef de la plupart des phénomènes qui s'observent tant à l'état de santé que pendant les maladies.

19. La volonté est sans action sur les filets moteurs de l'appareil nerveux de la vie de nutrition : tous les mouvements qu'ils provoquent sont des mouvements réflexes dont le point de départ doit être cherché soit dans l'ébranlement des nerfs de la sensibilité inconsciente, soit dans l'excitation des nerfs de la sensibilité consciente.

20. Rien assurément n'est plus admirable que la parfaite adaptation des nerfs aux usages les plus divers. Nous avons déjà vu qu'une première distinction devait être faite entre les nerfs sensitifs et les nerfs moteurs ; mais ce n'est pas tout.

Tandis que l'action des nerfs moteurs est une, toujours la même, celle des nerfs sensitifs offre une multiplicité d'aptitudes éminemment propre à rendre aussi variées et aussi étendues que possible nos relations avec le monde extérieur.

Nous avons déjà parlé de la *sensibilité inconsciente* des organes de la vie de nutrition. Parmi les sensibilités conscientes, nous rencontrons tout d'abord la *sensibilité générale* ou *sensibilité à la douleur*.

Viennent ensuite les *sensibilités spéciales*, au premier rang desquelles il convient de placer la *sensibilité tactile*, en vertu de laquelle nous apprécions, par leur contact avec l'un des points de la peau, la plupart des propriétés physiques des corps, consistance, étendue, etc. Le *sens musculaire* nous fait juger de leur poids, de l'effort nécessaire pour les déplacer.

La *sensibilité optique* nous permet d'apprécier leur forme, leurs dimensions, leur couleur, etc.

Les sensibilités *olfactive* et *gustative* nous font juger de leurs qualités odorantes ou sapides. La *sensibilité auditive* nous rend impressionnables aux mouvements sonores.

21. Cette disposition merveilleuse, ce système si compliqué de correspondance, qui établit entre l'extérieur et le centre nerveux des relations multipliées, est nécessairement l'origine de nos connaissances. Tout ce qui est relatif à l'entendement, toutes les notions que nous acquérons, nous viennent par cette voie.

Comment fixons-nous ensuite ces sensations à l'aide de la mémoire? Comment les comparaisons, origines de nos jugements, s'établissent-elles? Par quelle série d'opérations arrivons-nous à trouver dans cet acquis le point de départ de déterminations volontaires?—c'est ce qu'on ignore, et ce qu'on ignorera probablement toujours.

Quoi qu'il en soit, on sait que c'est chez l'homme que ces *facultés intellectuelles* existent au plus haut degré, et que c'est à elles surtout qu'il doit une supériorité que contribue, du reste, à lui assurer la perfection des organes chargés d'établir ses rapports avec le monde extérieur, c'est-à-dire des organes de la vie de relation ou animale.

22. Nous avons dit que chez l'homme, comme chez les autres animaux, les exigences de la vie de relation déterminent surtout la forme du corps. Dans les espèces supérieures, là où les fonctions de relation sont perfectionnées, le corps offre une masse centrale, d'un volume relativement considérable, et des appendices plus ou moins grêles.

La partie centrale est destinée à loger les organes de la vie de nutrition. Quant aux membres, parties appendiculaires, ils président spécialement à la mobilité.

Dans la poitrine sont contenus, protégés par les côtes, le cœur et les poumons (*fig.* 3), dont nous verrons les usages quand nous étudierons la circulation du sang et la respiration.

Dans le ventre (*fig.* 3), au-dessous de la poitrine, sont logés les organes digestifs, et en général les organes chargés de l'élaboration du sang.

A la partie inférieure de cette cavité, au fond de l'excavation osseuse qui la limite en bas et qu'on a nommée le *bassin* (17, *fig.* 1), se trouvent les organes de la génération, chargés d'assurer la reproduction de l'espèce.

Au-dessus du tronc se trouve la tête, qui renferme le cerveau et porte la plupart des organes des sens.

CHAPITRE II

VIE DE NUTRITION OU VÉGÉTATIVE

23. Se développant dans un milieu d'où il vient et auquel il doit retourner, le corps doit emprunter à ce milieu les matériaux qui le constituent.

Les actes qui se rattachent à la fixation de ces matériaux et à leur expulsion lorsqu'ils ont rempli leur rôle dans l'organisme appartiennent à la *vie végétative;* leur ensemble a reçu le nom de *nutrition.*

24. La *nutrition* doit être considérée comme un résultat général auquel concourent les deux fonctions qui répondent au double mouvement organique d'entrée et de sortie qui se produit toutes les fois qu'un être vivant prend au milieu dans lequel il est placé et rend à ce milieu. Ces deux fonctions sont l'*assimilation* et la *désassimilation.*

Par l'*assimilation,* l'individu vivant transforme et fait siens les matériaux venus du dehors.

La *désassimilation* fait ensuite subir à ces matériaux une nouvelle transformation qui, après qu'ils ont rempli leur rôle dans l'économie, les rend étrangers à l'organisation et mûrs pour l'expulsion.

25. Notons, toutefois, que ce double mouvement de composition et de décomposition des tissus qui forment la trame de nos organes n'a pas, dans chacun d'eux, la même activité. Dans quelques-uns, comme dans les os, les muscles, le tissu nerveux, etc., il est très-lent. Dans d'autres tissus, notamment dans certaines parties des glandes, il est, au contraire, extrêmement rapide.

On peut dire d'une manière générale que, dans les organes de la vie de relation, la matière organisée a une constitution assez durable ; tandis que, dans les organes de la vie de nutrition, on voit une trame fondamentale permanente se couvrir et se dépouiller périodiquement de tissus dont l'existence, liée intimement à l'exercice des fonctions, n'a qu'une durée éphémère. Ces organes peuvent se comparer assez exactement à l'arbre dont les branches, destinées à vivre aussi longtemps que l'arbre lui-même, se couvrent chaque printemps de feuilles qui périront quand viendra l'hiver.

I

ASSIMILATION.

26. *L'assimilation répond à l'ensemble des actes par lesquels l'être vivant s'approprie et fait siennes les substances qu'il emprunte au milieu dans lequel il vit.*

Dans cette migration de la matière venant de l'extérieur pour faire partie de nos tissus, il faut distinguer deux temps. L'un, préparatoire, est destiné à amener au contact des tissus les substances qui vont en faire partie ; l'autre consiste dans l'action réciproque des tissus et des matériaux venus du dehors, action aboutissant à la fixation de ces derniers, et constituant l'assimilation proprement dite.

27. Le mécanisme de l'*assimilation* proprement dite ne diffère pas de celui du *développement*, et l'on a pu dire avec raison que la nutrition n'était qu'une génération se continuant en vertu de la force initiale, du germe de vie que les corps vivants portent en eux, et par lequel ils se distinguent des corps bruts. C'est au commencement de la vie que cette force d'assimilation, que cette puissance plastique est le plus développée. A mesure que l'animal avance en âge, cette faculté créatrice diminue : il semble qu'elle s'épuise.

28. Chez les animaux supérieurs, offrant une certaine masse dont toutes les parties ne peuvent être en rapport direct avec le milieu extérieur, l'assimilation exige des préliminaires assez compliqués.

Elle se prépare par l'élaboration d'une masse fluide dont le contact avec les *tissus* puisse être intime. C'est cette masse fluide qui leur apporte les matériaux réparateurs et reçoit ceux qui, ayant rempli leur rôle dans l'organisme, doivent être expulsés. On voit donc que les tissus à nourrir ne sont que médiatement en communication avec le milieu extérieur, tandis qu'ils sont en rapport immédiat avec un véritable milieu intérieur, milieu liquide qui est le *sang*.

29. Un premier temps de l'évolution nutritive est donc consacré à faire passer dans le sang, à l'état liquide, les substances nutritives prises au dehors. Une fois dans le

sang, ces substances subissent une nouvelle transformation en vertu de laquelle elles deviennent partie constituante du sang et ne sont plus simplement mélangées à lui. Tout à l'heure elles appartenaient au milieu extérieur, milieu général dans lequel elles conservaient leurs caractères variés ; maintenant elles ont perdu ces caractères pour devenir matériaux constituants du sang et appartenir ainsi au milieu intérieur, milieu individuel d'une constitution à peu près constante.

Chaque tissu est ensuite baigné par le sang ainsi régénéré, et puise dans ce liquide nourricier les matériaux qui lui sont nécessaires.

Dans cette première phase de la nutrition, phase consacrée à acquérir, on voit donc deux actes distincts : l'un définitif, *l'assimilation*, dont le mécanisme nous échappe ; l'autre, préparatoire, destiné à faire passer dans le sang, à l'état liquide, les matériaux qui seront ensuite assimilés : on a donné à ce dernier le nom d'*absorption*.

ABSORPTIONS.

30. Les substances destinées à nourrir le sang, qui à son tour nourrira les organes, se présentent sous les trois états : solide, liquide, gazeux. Les solides et les liquides sont introduits par la bouche dans les voies digestives. Les substances gazeuses sont ingérées, mélangées à l'air, dans les voies respiratoires. Les liquides et les gaz peuvent encore être absorbés par la peau.

31. Quelle que soit la surface par laquelle s'effectue

l'absorption, les substances liquides ou gazeuses peuvent seules pénétrer ; les matières solides (et le plus grand nombre des aliments est dans ce cas) devront donc être réduites préalablement à l'état liquide.

32. L'absorption des liquides a lieu par une véritable imbibition des tissus, imbibition qui ne s'effectue pas, toutefois, uniquement suivant les lois physiques des imbibitions, mais se trouve réglée par les propriétés d'un élément intermédiaire qui tapisse toutes les surfaces chargées des absorptions. Cet élément intermédiaire n'a qu'une existence transitoire ; il se détruit et se renouvelle continuellement. On le nomme *épithélium* sur les surfaces intérieures ou muqueuses, et *épiderme* sur la peau.

33. ABSORPTION DIGESTIVE. — On a donné le nom de *digestion* à l'ensemble des actes qui produisent la liquéfaction et permettent l'absorption par la surface intestinale de la partie des aliments qui est destinée à passer dans le sang et à être utilisée pour la nutrition.

Ces substances ne pouvant être absorbées qu'à l'état liquide, certaines opérations préparatoires sont nécessaires pour les réduire en un tel état et rendre solubles les aliments solides. La solubilité produite par les phénomènes préliminaires de la digestion est le résultat d'actions chimiques que déterminent certains liquides versés en divers points des voies digestives.

On donne le nom de *sécrétions* à la production de ces liquides destinés à agir chimiquement sur les aliments.

L'histoire de la digestion est tout entière dans l'étude des sécrétions versées dans les voies digestives et de leur action sur les aliments.

34. Dans la bouche, la masse alimentaire est réduite en pâte par les dents.

La *salive* humecte cette pâte, en lubrifie la surface, et permet ainsi de l'avaler facilement.

35. En arrivant dans l'estomac (1, *fig.* 3), le bol alimentaire y excite la sécrétion du *suc gastrique*, liquide acide, contenant un ferment qui provoque la dissolution du tissu conjonctif ou unissant. Le suc gastrique réduit ainsi les aliments farineux et ceux d'origine animale en une masse finement pulpeuse, et opère une division bien plus parfaite de la masse alimentaire. Le suc gastrique produit en peu de temps des effets identiques à ceux que donnerait une cuisson très-prolongée.

36. A leur sortie de l'estomac, les aliments entrent dans l'intestin grêle (2 et 3, *fig.* 3), vers l'origine duquel se versent les produits de deux sécrétions fort importantes.

On rencontre d'abord la *bile*, sécrétée par le foie (9, *fig.* 3), liquide verdâtre et amer qui, sans action propre sur les matières grasses et féculentes, coagule les matières gélatineuses dissoutes dans l'estomac. C'est pour cela que le reflux accidentel de la bile dans l'estomac arrête les actes qui s'y accomplissent jusqu'à ce que cet organe se soit vidé par le vomissement.

Presque immédiatement au-dessous du point où la bile vient se verser dans l'intestin, se trouve l'orifice par lequel y arrive le *suc pancréatique*, produit d'une glande située profondément dans l'abdomen, derrière l'estomac, et le plus important des liquides digestifs.

Le mélange de la bile et du suc pancréatique a sur les aliments une influence dissolvante remarquable : il transforme en sucre les matières féculentes et dissout la chair musculaire.

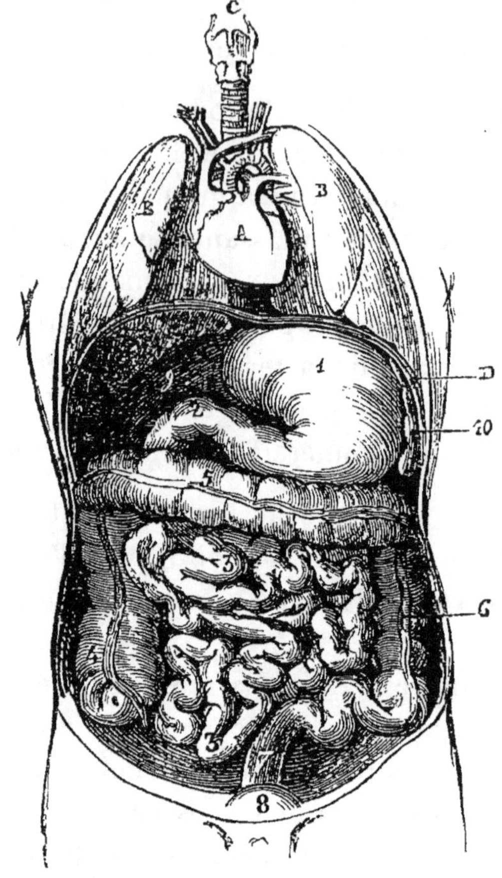

Fig. 3. — Ouverture du tronc pour montrer l'intérieur de la poitrine et du ventre.

Poitrine. — A, *cœur*. Au-dessus du cœur se voient les extrémités des gros vaisseaux qui y aboutissent ou en partent. — B, B, *poumons*. — C, *partie supérieure des voies aériennes* (larynx et trachée).

D, coupe du muscle *diaphragme*, plancher musculeux qui sépare la poitrine du ventre.

Ventre ou abdomen. — 1, *estomac*. — 2, *duodenum*, première partie de l'intestin grêle ; — 3, *intestin grêle* ; — 4, 5, 6, 7, gros intestin. — (4, *cœcum* — 5, *côlon transverse*. — 6, *côlon descendant*. — 7, *rectum*.) — 8, *vessie urinaire*. — 9, *foie*. — 10, *rate*.

Mais son action la plus curieuse est celle qu'il exerce

sur les matières grasses, qu'il divise de façon à en former une émulsion comparable au lait, et qu'il rend ainsi facilement absorbables.

37. Ainsi liquéfiés ou solubles, les aliments sont ensuite absorbés dans toute l'étendue des voies digestives. La plupart des boissons le sont d'ordinaire presque complétement dans l'estomac.

La *digestion*, ou l'ensemble des actes préparatoires de l'*absorption intestinale*, commence donc dans l'estomac par une désagrégation des aliments qui s'y émiettent au point de former une bouillie; elle se complète ensuite vers l'origine de l'intestin grêle par une dissolution de la masse alimentaire qui permet son absorption par la surface intestinale.

38. Toute la partie des aliments qui n'est pas absorbée continue à parcourir l'intestin (3, 4, 5, 6, 7, *fig.* 3) en se durcissant par suite de l'absorption d'une partie des éléments liquides qu'elle renferme. Arrivée au terme de ce parcours, elle constitue les excréments et est rejetée par l'anus.

Il arrive quelquefois que, dans ce trajet, l'exhalation de la surface intestinale soit plus considérable que l'absorption.

Alors les excréments se délayent au lieu de se durcir. Dans ce cas, on dit qu'il y a *diarrhée*.

Les excréments sont donc formés essentiellement par la partie non absorbée des aliments, à laquelle se joint une quantité ordinairement peu considérable des sucs sécrétés par les voies digestives. C'est à la bile qu'ils doivent leur coloration.

Des substances ingérées par la bouche, on ne peut

considérer comme ayant pénétré dans l'organisme que la partie qui a été absorbée et est arrivée dans le sang. Les excréments ne sont pas dans ce cas : ils n'ont fait que traverser un tube ouvert par ses deux bouts à l'extérieur.

39. ABSORPTION CUTANÉE. — La peau est, elle aussi, le siége d'absorptions liquides et gazeuses.

Le mécanisme des absorptions gazeuses a été peu étudié; on sait seulement qu'un double courant a lieu à travers la peau, que certains gaz sont absorbés et d'autres rejetés.

Quant aux absorptions de liquides dont la peau est le siége, elles se font par une imbibition que règlent les propriétés de l'épiderme qui la recouvre. Au contact d'un liquide, cet épiderme se laisse traverser par lui, et lui donne passage jusqu'à la couche sous-épidermique de la peau, où il pénètre par imbibition dans les nombreux canalicules sanguins et lymphatiques que nous examinerons en étudiant la distribution du sang.

Toutefois cette absorption a une limite; un moment arrive où l'épiderme gonflé par l'eau ne se laisse plus pénétrer, et modère ainsi une absorption qui pourrait, sans cela, devenir trop considérable.

40. Les surfaces intérieures chargées de l'absorption des matériaux nutritifs ou de l'expulsion de ceux qui doivent être rejetés communiquent toutes avec l'extérieur. La membrane qui les tapisse, et qu'on nomme *membrane muqueuse*, n'est qu'une continuation de la peau, prenant seulement une structure en rapport avec les fonctions qu'elle est appelée à remplir.

Les surfaces muqueuses se rapprochent de la surface

cutanée par la présence d'un épiderme auquel on a donné le nom d'*épithélium*, et qui joue dans le mécanisme des absorptions le même rôle que l'épiderme cutané.

41. ABSORPTION RESPIRATOIRE. — Mais le sang ne répare pas seulement ses pertes aux dépens de matériaux solides et liquides. L'air que nous respirons le vivifie en lui cédant un élément gazeux, l'*oxygène*, et peut-être aussi un peu d'azote. La révivification du sang par le contact de l'air est une fonction d'une importance telle que sa suspension est une des causes de mort les plus rapides.

Ce contact du sang avec l'air et l'absorption gazeuse qui en est la conséquence sont assurés par la *respiration*.

Nous n'étudierons cette fonction que plus loin, avec les fonctions de désassimilation, parce qu'en même temps que dans le poumon le sang prend de l'oxygène, il s'y débarrasse d'une grande partie des matériaux désormais impropres à la vie que lui ont abandonnés les tissus.

Le poumon est donc le siége d'un double mouvement d'entrée et de sortie.

Dans aucun autre organe ce mouvement n'est aussi nettement caractérisé.

II

DÉSASSIMILATION.

42. Nous venons de voir les absorptions intestinale, pulmonaire et cutanée, apporter au sang les matériaux venus du dehors.

Elles réparent ainsi les pertes qu'il éprouve à chaque instant au contact des tissus ; car les tissus se nourrissent du sang qui les baigne, chacun y puisant de quoi s'accroître ou s'entretenir, fixant les éléments qui peuvent lui être utiles. Mais cette réparation continuelle suppose une usure, une destruction lente des tissus, et un ordre de fonctions qui préside à l'expulsion des matériaux qui, ayant joué leur rôle dans cette création temporaire, doivent être rejetés hors de l'individu et retourner au milieu d'où ils sont venus.

Ici nous retrouvons encore l'intervention du sang, intermédiaire nécessaire à tous les échanges qui se font entre l'organisme et l'extérieur.

C'est dans le sang qui les baigne que les tissus ont pris les matériaux de leur accroissement ou de leur réparation ; c'est au sang qu'ils abandonnent ceux qui leur sont devenus inutiles.

Ce mouvement de décomposition intime constitue la *désassimilation* proprement dite ; son mécanisme ne nous est pas plus connu que celui de l'*assimilation*.

43. Cependant, de même que nous avons pu suivre jusque dans le sang les substances qui y sont venues du dehors, de même nous pouvons suivre du sang à l'extérieur les substances qui, désormais impropres à la vie, y sont retombées pour être expulsées.

La matière constitutive de nos organes n'a pu pénétrer dans le sang qu'à l'état liquide ou gazeux ; c'est également sous une de ces deux formes qu'elle doit être éliminée.

Les actes par lesquels s'effectuent ces éliminations ont reçu le nom d'*excrétions*.

Ce rejet au dehors se fait par différentes voies; et il n'est sans doute pas de surface en communication avec l'extérieur qui ne soit chargée de quelque excrétion. Nous nous arrêterons seulement ici à celles qui, plus importantes, ont été mieux étudiées : les excrétions *urinaire*, *cutanée*, et *respiratoire* ou *pulmonaire*.

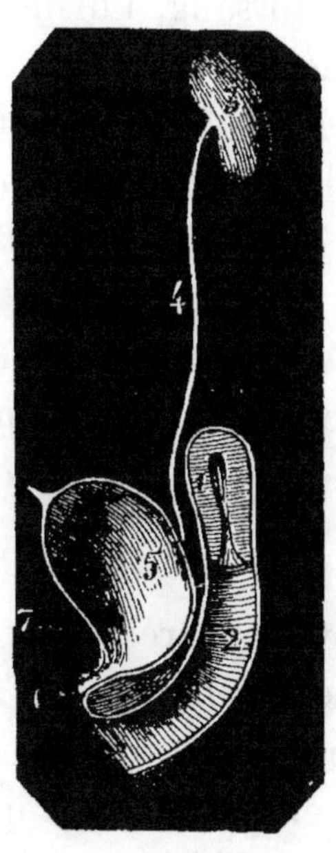
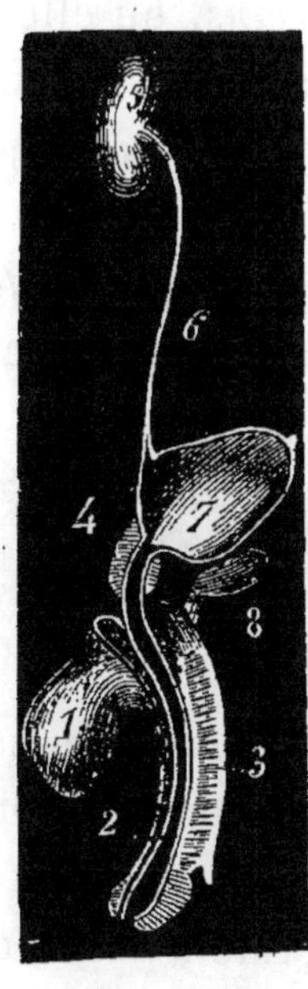

Fig. 4.   Fig. 5.

APPAREIL URINAIRE et rapports de cet appareil avec l'appareil génital.

Fig. 4. — *Appareils urinaire et génital de la femme.* — 1 et 2, organes appartenant à l'appareil génital. — 3, *rein*. — 4, *uretère*. — 5, *vessie*, — 6, *canal de l'urètre* conduisant l'urine de la vessie au dehors.

Fig. 5. — *Appareils urinaire et génital de l'homme.* — 1, 2, 3, appareil génital. — 5, *rein*. — 6, *uretère*. — 7, *vessie*. — 2. *canal de l'urètre*.

44. EXCRÉTION URINAIRE. — Les organes chargés de l'élimination de l'urine sont profondément situés dans la cavité abdominale, des deux côtés de la colonne vertébrale. Ils ont la forme du haricot; ce sont les *reins* (3, *fig.* 4 et 5, *fig.* 5), auxquels on donne le nom de *rognons* chez

les animaux de boucherie. Les reins, dont la structure intime, extrêmement compliquée, n'est bien connue que depuis quelques années, sont des espèces de *filtres* qui, incessamment traversés par le sang, en séparent continuellement un liquide destiné à être rejeté à l'extérieur. Ce liquide est l'*urine*.

Des *reins*, où elle se sépare du sang, l'urine descend par deux canaux longs et flexueux, nommés les *uretères* (4, *fig.* 4, et 6, *fig.* 5), dans un réservoir, la *vessie* (5, *fig.* 4, et 7, *fig.* 5), où elle s'accumule. Un canal étroit, le *canal de l'urètre* (6, *fig.* 4, et 2, *fig.* 5), qui, situé chez l'homme dans l'épaisseur de la verge (3, *fig.* 5), vient s'ouvrir chez la femme vers la partie supérieure des organes génitaux externes, donne à l'urine son écoulement à l'extérieur, lorsque les contractions de la vessie tendent à la chasser.

45. On compare habituellement les reins aux glandes, et on donne à la formation de l'urine le nom de sécrétion urinaire. Il y a là une confusion que nous devons signaler ici, parce que c'est en la relevant qu'il nous sera le plus facile de donner une idée juste de la fonction qui s'accomplit dans le *rein*.

Les glandes véritables versent au dehors ou dans les cavités muqueuses des produits spéciaux, caractérisés par la présence d'une matière particulière utile à l'accomplissement de quelqu'un des actes de la chimie vivante.

Ces organes *créent* le produit de la sécrétion, qui représente le mode d'activité de leur nutrition. Ce produit est formé dans la glande ; on le chercherait vainement dans le sang.

Or, il n'en est plus de même des organes *excréteurs*, qui ne font que séparer du sang, pour les rejeter au dehors, des principes qui existaient tout formés dans ce liquide.

Les *sécrétions* forment donc, par une évolution successive des tissus sécréteurs, certains principes qui n'existaient pas dans le sang.

Les *excrétions* n'éliminent que des principes qui existaient tout formés dans le sang.

Un autre caractère différentiel se trouve dans la *continuité* des excrétions, tandis que les sécrétions ne s'effectuent qu'au moment où leur produit doit être utilisé, et sont, par conséquent, *intermittentes*.

L'excrétion urinaire est continue. Incessamment de l'urine est séparée du sang dans les reins. Si elle n'est rejetée au dehors que de temps en temps, c'est que le besoin de cette expulsion ne se fait sentir qu'autant que l'urine s'est accumulée en certaine quantité dans la vessie.

46. Il est un autre rapprochement contre lequel beaucoup de personnes doivent être prémunies : c'est celui qui fait généralement regarder comme appartenant à un même ordre d'actes organiques l'expulsion de l'urine et celle des excréments.

Sans doute, ces derniers contiennent des matières excrétées par les parois de l'intestin, matières qui se montrent souvent abondantes dans la diarrhée ; mais la masse des excréments est constituée pour la plus grande partie par des substances qui n'ont fait que traverser l'intestin, où elles ont été seulement transformées.

Il n'en est pas de même de l'excrétion urinaire, qui ne donne passage qu'à des substances venant du sang, et ayant par conséquent pénétré dans l'organisme.

47. Excrétion cutanée. — La peau absorbe des liquides et des gaz. Elle donne aussi passage, de l'intérieur à l'extérieur, à des liquides et à des gaz.

L'excrétion cutanée gazeuse, de même que l'absorption gazeuse par la peau, a été peu étudiée. On sait seulement qu'un double mouvement de gaz a lieu à travers la peau, de l'oxygène entrant et de l'acide carbonique sortant. C'est ce qui a fait dire que la peau respirait. Toutefois cette respiration cutanée, envisagée au point de vue des quantités de gaz absorbées et rejetées, est insignifiante si on la compare à la respiration proprement dite, qui s'effectue par le poumon.

48. Mais la peau est le siége d'une excrétion liquide fort importante : celle de la *sueur*.

Bien qu'habituellement l'excrétion de la sueur soit peu considérable en chaque point du corps, on comprend qu'une fonction qui s'accomplit sur une surface aussi étendue ne puisse être suspendue ou troublée sans de grands inconvénients.

Parmi les influences connues qui agissent sur la production de la sueur, la plus évidente est la chaleur.

49. On a dit que la sueur n'était pas le seul liquide éliminé par la peau ; que celle-ci donnait incessamment passage à de la vapeur d'eau ; et on a donné à cette excrétion le nom de *perspiration insensible*.

L'existence de la perspiration insensible, bien qu'on ait cru pouvoir apprécier la quantité d'eau qu'elle fait

sortir du corps, a été admise surtout d'après des considérations théoriques. Sachant qu'une grande quantité d'eau existe dans tous nos tissus, on a dû penser
que cette masse de liquide devait donner des vapeurs
dans l'air qui nous environne. C'est, en effet, ce qui
a lieu; et c'est surtout en modifiant les conditions de
cette évaporation que certaines influences physiques
extérieures, la température, les vents, la pression barométrique, l'état hygrométrique, agissent sur l'organisme.

50. RESPIRATION (*absorption et excrétion*). — La respiration consiste dans l'ensemble des actes liés à l'entrée
dans nos poumons de l'air au milieu duquel nous vivons, et à l'expulsion hors des poumons d'un mélange
formé par certains produits gazeux de la désassimilation, joints à la partie de l'air introduit qui n'a pas été
absorbée.

Le but final de la respiration est une régénération du
sang qui, après avoir perdu au contact des tissus ses
propriétés nutritives, vient dans les poumons se charger de l'oxygène de l'air et se débarrasser d'une partie
des éléments impropres à la vie que lui ont abandonnés les tissus, pour retourner de là dans les organes,
révivifié et propre à les nourrir.

51. Un échange gazeux s'accomplit donc dans les
poumons : le sang y abandonne certains produits aéri-
formes et fixe de l'oxygène. Ce sont là des phénomènes
physiques et chimiques. Nous verrons quelle est, dans
ces phénomènes, l'influence vitale, et comment elle agit
pour réaliser les conditions qui les rendent possibles.

Pour que les phénomènes physico-chimiques de la

respiration s'accomplissent, certains actes mécaniques sont nécessaires, actes relatifs à l'introduction de l'air dans les poumons, et favorisant son contact avec le sang.

La respiration présente donc à étudier : 1° les moyens mécaniques qui déterminent l'entrée et la sortie de l'air ; 2° les conditions de son contact avec le sang dans les poumons ; 3° les phénomènes d'absorption et d'exhalation ou d'excrétion qui sont la conséquence de ce contact.

52. La cavité de la poitrine est limitée en arrière par une tige osseuse à peu près fixe, la colonne vertébrale.

Sur les parties latérales de la colonne vertébrale viennent s'attacher les côtes ; celles-ci jouissent d'une mobilité qui permet aux muscles s'insérant sur elles d'en produire l'élévation ou l'abaissement.

L'élévation des côtes détermine un agrandissement de la poitrine, tandis que leur abaissement en diminue la capacité.

La *cavité thoracique* (poitrine) est, en outre, séparée de la *cavité abdominale* (ventre) par un grand muscle plat qu'on appelle le *diaphragme* (D, *fig.* 3). Le diaphragme est assez comparable pour la forme à un parapluie qui formerait à la partie supérieure de l'abdomen un plafond voûté. Ce muscle étant attaché aux parois du tronc par sa circonférence, sa contraction tend à produire l'abaissement de sa partie moyenne et à diminuer la courbure de la voûte qu'il forme, agrandissant ainsi la cavité de la poitrine, et tendant, en même temps, à diminuer celle du ventre.

L'élévation des côtes, jointe à la contraction du diaphragme, produit donc un agrandissement de la poitrine ; tandis que l'abaissement des côtes et le relâchement du diaphragme en diminuent la capacité.

Or ces actions se reproduisent alternativement, déterminant ainsi quelque chose de comparable au jeu d'un soufflet qui aspirerait l'air par la buse et le rejetterait ensuite par la même voie.

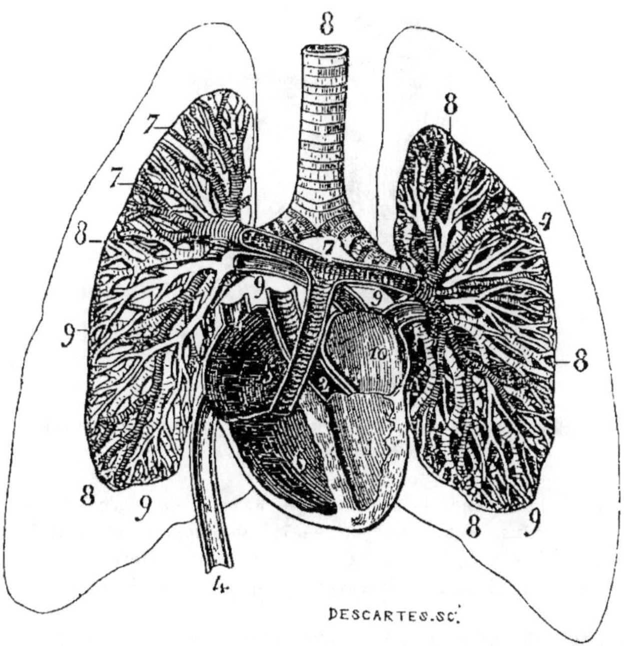

Fig. 6. — Cœur et poumons ouverts.

1, 2, 4, 5, 6, 10, cavités du cœur et vaisseaux de la circulation générale.

7, divisions de l'*artère pulmonaire*, conduisant du cœur dans le poumon le sang qui doit être vivifié par l'air.

8, *trachée* et ses divisions amenant l'air dans les vésicules pulmonaires.

9, *veines pulmonaires* et leurs rameaux d'origine, ramenant au cœur le sang vivifié par le contact de l'air.

53. Les organes dans lesquels l'air et le sang se trouvent en contact sont les poumons. On y rencontre deux

systèmes de canaux : les uns affectés à la circulation de l'air venu du dehors et des gaz exhalés par le sang (8, 8, 8, *fig.* 6), les autres dans lesquels circule le sang (7, 7, 9, 9, *fig.* 6).

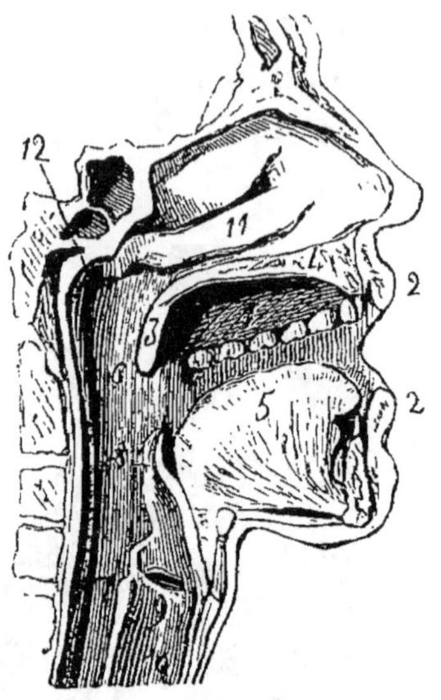

Fig. 7. — COUPE DE LA FACE ET DU COU pour montrer l'ORIGINE DES VOIES RESPIRATOIRES ET DIGESTIVES.

1, cavité de la *bouche*. — 2, *lèvres*. — 3, *voile du palais*. — 4, *voûte du palais*. — 5, *langue*. — 6, *pharynx*. — 7, *œsophage*, conduisant les aliments dans l'estomac. — 8, *épiglotte*, se renversant en arrière au moment de la déglutition et empêchant les aliments de s'engager dans le *larynx*, origine des voies aériennes.

9, *corde vocale inférieure*, bourrelet musculo-membraneux répondant à la partie la plus rétrécie du larynx, partie qui s'élargit pendant l'inspiration et se rétrécit pour l'émission des sons.

10, commencement de la *trachée*.

11, *fosses nasales*. — 12, origine de la *trompe d'Eustache*, canal faisant communiquer les arrière-fosses nasales avec la cavité de l'oreille moyenne.

L'air entre par la bouche (1, *fig.* 7) et par les fosses nasales (11, *fig.* 7) dans une espèce d'entonnoir appelé *larynx* (9, *fig.* 7), situé au-devant d'un autre entonnoir par lequel descendent les aliments (7, *fig.* 7).

Le *larynx* (9, *fig.* 7) se continue avec un tube formé

d'anneaux cartilagineux, la *trachée* (10, *fig.* 7, et 8, *fig.* 6), qui se divise d'abord en deux conduits (*bronches*) dont chacun est destiné à un poumon. Arrivée dans le poumon, chacune de ces grosses bronches se divise en deux, puis chacune des nouvelles divisions se partage à son tour en deux, et ainsi de suite, de manière à remplir à peu près le poumon.

L'extrémité des bronches les plus fines forme un cul-de-sac membraneux à parois si minces que l'existence de cette paroi n'est plus un obstacle à ce qu'un contact intime ait lieu entre l'air qui se présente d'un côté et le sang qui arrive de l'autre.

Tout l'espace qui, dans le poumon, n'est pas occupé par les bronches, leurs divisions et les vésicules terminales de ces divisions, l'est par les voies dans lesquelles circule le sang.

54. Grâce à ces dispositions, la respiration réalise les conditions capables d'assurer le contact de l'air avec le sang par le mécanisme de soufflet que nous avons indiqué tout à l'heure.

Dans un premier temps, appelé *inspiration*, la poitrine se dilate par l'élévation des côtes et l'abaissement du diaphragme. Le poumon suit les parois de la poitrine dans ce mouvement de dilatation; et l'air est ainsi appelé dans les bronches en même temps que le sang dans les parties du poumon qui lui sont réservées. Alors a lieu le contact de l'air avec le sang.

Ensuite vient un deuxième temps, l'*expiration*. Les côtes s'abaissent, le diaphragme se détend et s'élève, la capacité de la poitrine diminue. Alors l'air contenu dans les bronches est chassé au dehors avec les produits gazeux et la vapeur d'eau que lui a abandonnés le sang.

Le premier temps, l'*inspiration*, satisfait donc aux exigences de l'absorption ; tandis que le second, l'*expiration*, répond à l'excrétion.

55. Examinons maintenant en eux-mêmes les phénomènes physiques et chimiques de l'absorption et de l'excrétion pulmonaires.

L'inspiration amène dans les vésicules pulmonaires l'air atmosphérique, qui ne s'y trouve séparé du sang que par une membrane extrêmement mince. Or, lorsque deux gaz de nature différente sont séparés par une membrane mince, il tend à s'établir entre eux un échange à travers la membrane. C'est ce qui a lieu dans le poumon.

Dans la vésicule pulmonaire, une certaine quantité de l'oxygène de l'air est absorbée par le sang, tandis qu'une certaine quantité d'acide carbonique sort du sang, mêlée à de la vapeur d'eau, et est rejetée par l'expiration avec la portion non utilisée de l'air inspiré.

56. On admettait autrefois qu'il se faisait dans le poumon non pas un simple échange de gaz, mais une véritable combustion ; que l'acide carbonique et la vapeur d'eau expirés étaient le produit d'une combinaison qui aurait eu lieu, *dans le poumon*, entre l'oxygène de l'air et certains éléments hydrocarbonés du sang qui revient des organes. Cette théorie séduisante expliquait la chaleur animale par l'élévation de température produite dans la combinaison de l'oxygène avec les éléments hydrocarbonés du sang ; mais elle doit être abandonnée, l'observation ayant établi depuis que *dans l'acte*

respiratoire le poumon n'est pas le siége d'un phénomène de combustion, mais seulement d'un échange gazeux.

57. Nous ne savons que peu de chose sur les conditions de fixation de l'oxygène par le sang. Toutefois, des expériences tendraient à prouver que les deux parties que l'observation superficielle montre constituer le sang (le *sérum* incolore et les *globules rouges* formant le caillot) ne concourent pas également à la fixation de l'oxygène. Ce gaz, une fois dans le sang, n'y existe pas à l'état de simple dissolution dans la partie liquide ; mais il paraît fixé par les globules qui le déposeraient dans les tissus au moment où ceux-ci abandonnent de l'acide carbonique.

La respiration, ainsi que nous l'ayons indiqué précédemment, nous présente donc, au point de vue de la nutrition, deux actes distincts, liés, l'un à l'assimilation, l'autre à la désassimilation.

Le premier est l'*absorption* de l'oxygène, le second est l'*excrétion* de l'acide carbonique et de la vapeur d'eau.

CHAPITRE III

DU SANG.

58. Les considérations exposées jusqu'ici suffisent pour faire voir quel est le rôle du sang chez l'homme et chez les animaux supérieurs.

On sait qu'il est le véhicule nécessaire de tous les matériaux d'accroissement ou de renouvellement du corps, et l'intermédiaire de tous les phénomènes intimes de la chimie vivante.

On comprend, dès lors, comment, liquide nourricier de tous les organes, de tous les tissus, son intégrité est nécessaire au fonctionnement normal de ceux-ci; et comment, enfin, ses altérations, soit spontanées, soit dues à quelque influence extérieure, deviennent nécessairement des causes de maladie.

59. Pour remplir ces fonctions, il est nécessaire que le sang puisse se charger de matériaux réparateurs et se débarrasser de ceux qui sont devenus inutiles à la vie.

Nous avons vu la dernière condition remplie par les fonctions excrétoires : les excrétions urinaire, cutanée, intestinale et pulmonaire.

Quant à la régénération du sang, nous l'avons vue se faire par les différentes absorptions, spécialement par les absorptions digestive et respiratoire.

60. Mais à ces phénomènes ne se bornent pas les actes chimiques dont le sang est le siége.

Les matières utilisées par la nutrition ne sont pas fixées à l'état où elles pénètrent dans le sang ; de même que celles qui sont éliminées ne le sont vraisemblablement pas sous la forme qu'elles avaient en abandonnant les tissus.

Le sang est donc le siége de certaines métamorphoses de la matière liées aux actes intimes de l'assimilation et de la désassimilation, métamorphoses dont la nature est peu connue. Toutefois on sait que plusieurs organes glandulaires versent dans le sang leur produit de sécrétion destiné à jouer un rôle dans ces actes chimiques internes. C'est ainsi qu'agit le foie, versant dans le sang une matière qui s'y change en sucre ; c'est ainsi qu'agissent vraisemblablement aussi la rate et d'autres glandes dont les usages ne sont pas connus.

I

CIRCULATION DU SANG.

61. Certaines conditions physiques sont encore nécessaires pour permettre au sang de remplir d'une manière efficace son rôle de liquide nourricier.

Et d'abord il est indispensable que le sang soit en contact avec les tissus. C'est en effet ce qui a lieu. Ce con-

tact intime est assuré et réglé par un admirable mécanisme que nous devons maintenant décrire.

Le sang ne baigne pas les tissus à la manière d'un liquide qui, par simple imbibition, ramollirait une
masse sèche au point de lui donner une consistance
analogue à celle de nos organes ; mais il est renfermé
dans des canaux qu'il parcourt. Dans la profondeur des
tissus, ces canaux sont tellement fins et multipliés que
chaque partie solide du corps en trouve un assez voisin pour y puiser les matériaux de sa réparation et y
en verser d'autres. On se fera une idée du nombre de
ces canalicules en songeant que, malgré leur ténuité
extrême, il est impossible, dans certaines parties, de
se piquer avec une aiguille sans en blesser plusieurs.

La partie fondamentale des voies sanguines consiste
dans ce réseau de distribution qu'on a nommé, en raison de la finesse de ses canaux, le *réseau capillaire*. C'est
entre lui et les tissus que se passent les actes intimes
d'assimilation et de désassimilation.

Petit à petit, ces canaux se réunissent, diminuent de
nombre en même temps que leur calibre augmente, et
finissent par former des troncs d'un volume assez considérable.

62. Pour que le contact du sang avec les tissus soit
vraiment réparateur, pour que le sang puisse remplir
son rôle d'intermédiaire entre l'extérieur et les tissus
vivants, il est nécessaire qu'il soit en mouvement. Les
capillaires et les vaisseaux plus gros formés par leur
réunion sont les voies de ce mouvement dont l'organe
actif est le cœur.

A chaque réseau capillaire correspondent deux vaisséaux principaux : l'un y apporte le sang (*artère*), l'autre l'emporte (*veine*).

63. Voyons maintenant comment le mouvement est déterminé dans ces deux vaisseaux, comment le sang se rend aux capillaires par le vaisseau d'arrivée, par l'artère, et comment il s'en éloigne dans le vaisseau de départ, dans la veine.

Le mouvement du sang est déterminé par un organe central de propulsion, le *cœur*, qui est situé dans la poitrine.

Le cœur est un muscle creusé de quatre cavités auxquelles viennent aboutir les vaisseaux qui portent le sang dans les différentes parties et ceux qui le ramènent de ces parties (*fig.* 8 et 9).

Deux de ces cavités, les ventricules (1 et 6, *fig.* 8 et 9), ont des parois épaisses qui se contractent énergiquement. La contraction du ventricule gauche (1, *fig.* 8 et 9) envoie dans les capillaires de tous les tissus (3, *fig.* 8) le sang régénéré et rutilant qui lui arrive du poumon. Dans les capillaires, ce sang perd sa couleur vermeille pour devenir d'un rouge brun ; il passe alors dans les veines (4, *fig.* 8 et 9), qui le ramènent au cœur, dans la cavité supérieure droite de cet organe (oreillette droite, 5, *fig.* 8 et 9).

Le cercle circulatoire formé par cette distribution du sang rouge parti du cœur à tous les organes, et par son retour au cœur, a reçu le nom de *grande circulation*.

C'est la grande circulation qui nourrit les tissus.

64. Mais un autre cercle circulatoire existe, destiné à assurer la réparation, la régénération du sang par son contact avec l'air : celui-là constitue la *petite circulation*.

En voici le trajet : le sang vient d'arriver dans l'oreillette droite (5, *fig.* 8 et 9), chargé, d'une part, des ma-

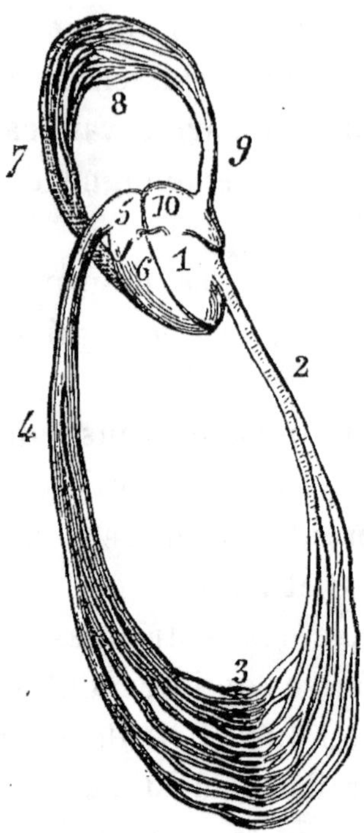

Fig. 8. — Figure théorique de la circulation.

1, 6, 5, 10, *cavités du cœur.*

1, *ventricule gauche,* d'où le sang est lancé dans le *système artériel* (2), — qui le conduit aux *capillaires* (3).

Des capillaires (3) le sang revient, par le *système veineux* (4), dans l'*oreillette droite* (5).

De l'oreillette droite (5) il passe dans le *ventricule droit* (6), — d'où il va, par l'*artère pulmonaire* (7), dans les *capillaires du poumon* (8).

Après avoir subi dans le poumon le contact de l'air, le sang revient au cœur, par les *veines pulmonaires* (9) dans l'*oreillette gauche* (10).

De l'oreillette gauche il passe dans le ventricule gauche, pour recommencer le même trajet.

On a donc donné le nom d'*artères* aux vaisseaux qui conduisent le sang du cœur aux capillaires de tout le corps ou du poumon, et celui de *veines* aux vaisseaux qui ramènent le sang des capillaires au cœur.

Dans les veines de la circulation générale (4), le sang est brun, parce qu'il vient de nourrir les tissus.

Dans les veines pulmonaires (9) il est rutilant, parce qu'il vient de se régénérer au contact de l'air.

tériaux que lui ont abandonnés les tissus et qui doivent

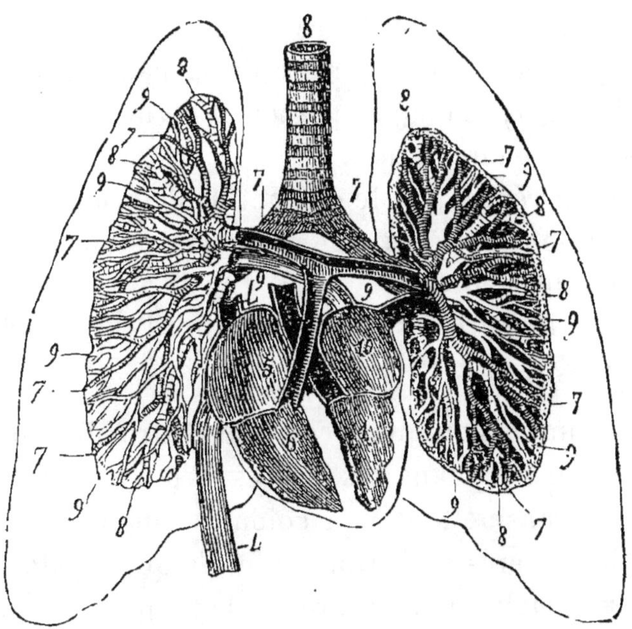

Fig. 9. — Cœur et extrémités centrales des vaisseaux.

1, *ventricule gauche.* — 2, *artère aorte*, portant aux tissus le sang qui doit les nourrir. — 4, *veines caves* supérieure et inférieure, ramenant le sang veineux de toutes les parties du corps à l'oreillette droite. — 5, *oreillette droite.* — 6, *ventricule droit.* — 7, *artère pulmonaire* et ses divisions dans le poumon. — 8, *trachée* et divisions des bronches amenant l'air dans les cellules pulmonaires. — 9, *veines pulmonaires*, ramenant le sang dans l'oreillette gauche. — 10, *oreillette gauche.*

Dans la figure, les vaisseaux et les ramifications bronchiques se détachent à droite sur un fond noir, à gauche sur un fond blanc.

être expulsés, d'autre part, des produits empruntés par l'absorption veineuse au milieu extérieur, privé enfin d'une grande partie de l'oxygène auquel il devait sa coloration rutilante. Une contraction de l'oreillette droite le fait alors passer dans le ventricule droit (6, *fig.* 8 et 9), qui se contracte à son tour et l'envoie par l'artère pulmonaire (7, *fig.* 8 et 9) jusque dans les capillaires du poumon (8, *fig.* 8). Là, le sang laisse échapper de l'acide carbonique et de la vapeur d'eau, absorbe de l'oxygène, prend une coloration rutilante, et revient, ainsi régénéré, dans l'oreillette gauche (10, *fig.* 8 et 9), pour passer de là dans le ventricule gauche (1, *fig.* 8 et 9) et parcourir de nouveau le cercle de la grande circulation.

Le sang réparé par le contact de l'air, *artérialisé* par l'absorption de l'oxygène, traverse donc les cavités gauches du cœur.

Les cavités droites reçoivent, pour l'envoyer dans les poumons, le sang brun, *sang veineux*.

65. L'impulsion qu'il reçoit du ventricule gauche fait circuler le sang dans les artères. C'est cette impulsion qui, se transmettant à la colonne sanguine contenue dans les artères, constitue le *pouls* qu'on tâte d'ordinaire au poignet pour apprécier la fréquence et la force des contractions du cœur.

L'obstacle relatif que le cours du sang rencontre à l'extrémité des artères dans le système capillaire, dans les frottements qui se multiplient à mesure que les artères deviennent plus nombreuses et diminuent de volume, fait que, pendant la vie, les artères renferment toujours une certaine quantité de sang qui les distend ; elles réagissent en vertu de l'élasticité de leur tissu, de sorte que, dans leur intérieur, le sang est toujours soumis à une pression indépendante de l'impulsion intermittente qu'il reçoit du cœur.

Le sang est donc poussé vers les capillaires, et circule dans les artères sous l'influence des contractions du ventricule gauche.

66. Les conditions mécaniques de la circulation

de retour par les veines ne sont plus les mêmes.

On ne trouve plus dans les veines la pression constante qui existe dans les artères ; et, dans les conditions normales, les pulsations du cœur ne s'y transmettent pas.

Le sang circule dans les veines poussé par celui qui vient des capillaires ; et c'est ainsi que la pression artérielle agit médiatement pour favoriser la circulation veineuse.

Les mouvements musculaires, comprimant les veines, tendent encore à y accélérer le cours du sang ; car des valvules, espèces de soupapes situées dans les veines de distance en distance, empêchent que le sang n'y puisse rétrograder.

La circulation veineuse est enfin favorisée par les mouvements respiratoires, par la dilatation de la poitrine, qui, appelant le sang veineux dans le poumon, tend à produire dans le cœur droit un vide que vient remplir le sang qui revient des tissus.

67. CIRCULATION LYMPHATIQUE. — Dans toutes les parties du corps, mais surtout au niveau des surfaces chargées des absorptions, existe un réseau vasculaire moins serré que le réseau capillaire sanguin, qui se gorge des sucs incolores abandonnés par les différents tissus, ou des liquides venus du dehors. Ce réseau, nommé *réseau lymphatique*, aboutit à des vaisseaux qui viennent verser dans le sang veineux le liquide incolore auquel on a donné le nom de *lymphe*.

La circulation lymphatique vient donc en aide à la circulation veineuse, et partage avec elle l'absorption des substances qui doivent pénétrer dans le sang pour y être utilisées ou pour être expulsées.

Quand on compare son trajet à celui de la *grande circulation*, on voit que cette *circulation lymphatique* est uniquement une circulation de *retour*. La lymphe est amenée des différents points du corps dans le système veineux, près de son abouchement dans le cœur ; mais ce trajet est simple, et ne forme pas un cercle comme celui du sang.

68. La partie la plus anciennement connue des voies lymphatiques est celle qui vient de l'intestin. Dans ces vaisseaux, la lymphe, au lieu d'être transparente, est blanchie pendant la digestion par les matières grasses émulsionnées qu'absorbe spécialement le réseau lymphatique intestinal.

Pendant longtemps on a méconnu le rôle que jouent les veines dans les absorptions digestives ; on pensait que celles-ci étaient effectuées exclusivement par le réseau lymphatique intestinal ; et on a donné aux vaisseaux lymphatiques venant de l'intestin le nom de *chylifères*, les considérant comme la voie de transport du *chyle* qu'on croyait représenter l'ensemble des produits utilisables de la digestion. Mais on a reconnu depuis que les veines sont l'agent principal de l'absorption alimentaire, et que les lymphatiques paraissent chargés seulement de l'absorption des matières grasses émulsionnées.

69. Bien qu'on n'ait pu observer directement aucune communication entre le réseau capillaire lymphatique et le réseau capillaire sanguin, il est cependant démontré aujourd'hui que des liquides ou des substances en dissolution peuvent passer du sang dans la lymphe.

II

CHALEUR ANIMALE.

70. Nous avons indiqué brièvement, à l'occasion de
la respiration, comment on avait expliqué l'existence
d'une source de chaleur propre aux êtres vivants par un
véritable phénomène de combustion qui aurait eu son
siége dans le poumon.

Cette idée est fausse : loin de s'échauffer dans le
poumon, le sang s'y rafraîchit au contact de l'air.

On sait que les combinaisons chimiques sont accompagnées d'une production de chaleur ; que toutes les
sources de chaleur employées dans l'économie domestique et dans l'industrie sont dues à des phénomènes de
cette nature, dans lesquels l'oxygène de l'air se combine à des éléments hydrocarbonés pour former de
l'acide carbonique et de la vapeur d'eau, combinaison
accompagnée de chaleur et souvent de flamme.

En voyant l'inspiration amener dans le poumon de
l'oxygène, et l'expiration en chasser de l'acide carbonique et de la vapeur d'eau, on a pensé que cet oxygène
de l'air se combinait dans le poumon avec des éléments
hydrocarbonés du sang veineux, et que l'expiration
rejetait à l'extérieur les produits d'une combustion déterminée par l'inspiration.

Mais les choses ne se passent pas ainsi.

71. Le sang artériel, qui du poumon va, en passant
par le cœur, se répandre dans tous les organes, con-

tient une assez forte proportion d'oxygène. Le sang veineux, qui revient des capillaires au poumon, contient beaucoup moins d'oxygène et renferme de l'acide carbonique.

Si donc, au lieu de juger des actes chimiques qui se passent dans le sang par l'examen comparatif de l'air inspiré et de l'air expiré, on les apprécie par l'analyse comparative du sang artériel et du sang veineux, on arrive à conclure que les phénomènes de combinaison ou de combustion dans lesquels l'oxygène disparaît pour former de l'acide carbonique ont leur siége, non plus dans les capillaires du poumon, mais dans la profondeur des tissus, dans les capillaires de la circulation générale. C'est là, et non dans le poumon, qu'une combustion lente produit les phénomènes calorifiques qui maintiennent à un degré à peu près constant la température du sang, malgré les causes de refroidissement auxquelles il est exposé.

L'expérience directe montre, en effet, que le sang veineux qui vient d'un réseau capillaire est plus chaud que le sang artériel qui se rend à ce réseau ; ou, en d'autres termes, qu'*en traversant les capillaires le sang s'échauffe au contact des tissus dans lesquels s'accomplissent les phénomènes chimiques de la nutrition* (assimilation et désassimilation).

72. On peut déjà prévoir, par ce qui précède, quelle influence exercent les conditions mécaniques de la circulation sur la production de la chaleur animale.

Sans même tenir compte des frottements plus considérables qu'entraîne une circulation plus rapide, on voit qu'elle multipliera le contact des tissus avec un sang rutilant, oxygéné. Par là les combinaisons nutritives seront favorisées, la vie chimique deviendra plus active et la production de la chaleur plus grande.

Toutes les causes qui tendent à activer la circulation augmentent donc la somme des réactions chimiques interstitielles et, par suite, la chaleur animale.

III

INFLUENCE DU SYSTÈME NERVEUX SUR LES ACTES DE LA VIE ORGANIQUE.

73. Jusqu'ici nous avons considéré les actes de la vie organique en eux-mêmes ; nous en avons étudié le mécanisme en supposant remplies les conditions de leur accomplissement. Mais là ne doit pas se borner l'étude des fonctions végétatives.

De même qu'à l'occasion de la vie de relation nous avons trouvé dans le système nerveux le point de départ des manifestations volontaires ou réflexes, conscientes ou inconscientes de l'animalité ; de même, à l'occasion de la vie de nutrition, nous devons rechercher quels agents règlent les conditions des phénomènes que nous venons de passer en revue, quelles influences les modifient ou établissent entre eux les rapports nécessaires à l'harmonie des fonctions.

Or, dans tous les phénomènes organiques, nous nous trouvons en présence de deux ordres de faits que relie entre eux la solidarité la plus étroite. Partout nous voyons un *tissu vivant* se développer dans un *milieu* dont les modifications ou les altérations règlent les conditions de ce développement.

Nous avons montré que ce milieu dans lequel se développent les tissus est le sang ; il nous reste à faire voir comment les conditions d'existence du sang sont elles-mêmes sous la dépendance du système nerveux, à faire comprendre par quel mécanisme uniforme ce système devient ainsi le régulateur de phénomènes essentiellement variables dans leurs manifestations physiques.

74. Les modifications d'activité de la nutrition sont déterminées par les qualités réparatrices du sang et par les *conditions mécaniques de la circulation.*

Les qualités réparatrices du sang sont liées à des circonstances extrêmement complexes.

L'observation de certains vices de nutrition héréditaires permet déjà de regarder comme infiniment probables des états de la partie spécialement vitale du sang, de ses globules, que nous serions tenté de regarder comme des vices originaires en vertu desquels leur force initiale d'évolution et de renouvellement, leur puissance de vie, serait insuffisante pour réaliser les conditions d'une bonne nutrition.

75. Mais à côté de ces conditions obscures, qui créent un état maladif ou au moins une imminence morbide, il en est de plus facilement appréciables et qui sont liées directement à des phénomènes physiologiques dont le mécanisme n'est pas impénétrable à nos moyens d'investigation.

Nous avons dit que lorsqu'ils se trouvent placés dans un milieu convenable, les éléments organiques tendent à se développer en vertu d'une force initiale qui fait vivre et s'accroître chacune des parties de l'individu comme l'individu lui-même. Ce milieu convenable à la vie des tissus, c'est le sang. Plus celui-ci circule activement, plus son contact est fréquemment renouvelé, plus la nutrition des tissus est active. Plus, au contraire, le passage du sang est ralenti, plus la vie des molécules est obscure. Enfin, la stagnation du sang peut amener dans ce liquide des altérations spontanées qui compromettent plus ou moins sérieusement l'existence des organes ou même des individus, suivant le siége et l'importance de ces stagnations.

C'est donc l'activité plus ou moins grande de la circulation qui détermine surtout l'intensité de la nutrition.

76. Nous devons maintenant examiner la circulation à ce point de vue, et voir quelles sont les influences qui la modifient en masse ou localement.

En exposant les lois de la circulation, nous avons indiqué par quel mécanisme général le sang traverse le réseau des capillaires, montrant seulement dans celui-ci un milieu interne auquel viennent aboutir les vaisseaux afférents et duquel partent les vaisseaux efférents.

Mais en étudiant de plus près le mécanisme de la circulation capillaire, on a reconnu qu'elle était jusqu'à un certain point indépendante de la circulation générale qu'on a vue porter le sang du cœur à toutes les parties et ramener le sang de toutes les parties au cœur.

L'observation a montré, en effet, que certains organes peuvent être le siége d'une circulation plus active, d'une production de chaleur plus grande, de phénomènes nutritifs plus intenses, sans que le reste de l'économie participe à ce surcroît passager de vitalité.

Examinant alors les tissus à ce point de vue, on a constaté que le réseau de distribution capillaire présente dans chacun une configuration particulière ; que partout il offre à considérer deux ordres de canalicules, les uns interstitiels, affectés spécialement à la nutrition de ces tissus, les autres, plus volumineux, destinés à assurer, indépendamment des premiers, une communication suffisamment facile entre les artères et les veines.

Indépendamment de la circulation générale, commune à tous les organes, il existe donc une véritable circulation locale spéciale à chacun d'eux.

77. Or, tandis que les phénomènes de la circulation générale offrent une assez grande constance d'intensité et de rhythme, seule capable de maintenir leur unité fonctionnelle si nécessaire, nous trouvons de grandes et fréquentes variations dans les phénomènes de la circulation locale interstitielle, nutritive.

Ces variations sont sous l'influence de la partie du système nerveux qui préside aux actes de la vie organique.

78. Des nerfs de la vie organique accompagnent les artères jusque dans leurs ramifications les plus ténues.

Ils peuvent, en agissant sur les éléments contractiles que renferment les parois vasculaires, déterminer la stagnation du sang dans le réseau capillaire interstitiel.

Si ces nerfs cessaient d'agir, les vaisseaux, libres de tout frein, se laisseraient dilater par l'ondée sanguine, et la circulation prendrait une activité considérable.

Mais tous les organes de la vie de nutrition, et c'est là un caractère général par lequel ils diffèrent des organes de la vie de relation, ont une action continue. Dans les circonstances normales, ce relâchement des vaisseaux n'est donc jamais complet : il augmente seulement quand les nerfs sont fatigués, pour diminuer quand on les excite.

C'est ainsi que l'action nerveuse peut modifier *localement* les conditions mécaniques de la circulation; qu'elle peut la ralentir ou la rendre plus active dans un organe, et changer ainsi les conditions de nutrition de cet organe, sans apporter immédiatement de trouble appréciable dans l'harmonie générale de la distribution du sang.

CHAPITRE IV

DES CONDITIONS PHYSIOLOGIQUES INDIVIDUELLES.

79. Jusqu'ici nous n'avons envisagé l'homme qu'au point de vue du *mécanisme* de ses fonctions, sans tenir compte des mille circonstances qui peuvent apporter le trouble dans leur harmonie générale.

Il nous reste, avant de clore cette étude sommaire de la vie, à passer en revue les influences qu'exercent sur le jeu des fonctions les conditions communes d'âge, de sexe, etc., et les conditions individuelles d'hérédité, de tempérament, etc., par suite desquelles certaines fonctions prennent une activité prépoudérante, tandis que d'autres s'exercent moins librement.

Nous verrons ainsi que lorsqu'on aborde l'étude de l'homme au point de vue des applications médicales, il n'y a plus à envisager que des individus, pour chacun desquels le *mécanisme* des fonctions *restant le même*, celles-ci s'exécutent dans des *conditions variées* au point de constituer à chaque sujet des conditions de santé particulières.

LONGÉVITÉ INDIVIDUELLE. DE LA MORT NATURELLE.

80. A défaut d'influences perturbatrices extérieures, il est une condition organique, propre à l'individu, qui suffirait à fixer une limite à l'accomplissement des phénomènes de la vie : c'est la *force initiale de développement*.

Chaque germe porte en lui une puissance de longévité déterminée ; et les différences générales que l'on rencontre quand on passe d'une espèce animale ou végétale à une autre se retrouvent entre les individus d'une même espèce.

En supposant donc que chacun doive mourir de sa mort *naturelle*, par épuisement de la puissance formatrice qui a présidé à son développement, puis à sa nutrition, la durée de la vie serait extrêmement variable.

81. Mais la mort par *accident* ou *maladie*, la mort par *influence du milieu*, est la règle ; tandis que la mort naturelle, par épuisement de la puissance plastique, est la très-rare exception.

Notons cependant que dans les maladies on rencontre très-souvent la réunion de ces deux causes de destruction. En effet, ce qui est vrai pour l'individu l'est encore pour chacun des systèmes organiques, sanguin, nerveux, musculaire, qui contribuent à sa formation. Pour chacun de ces systèmes il y a, comme pour l'individu entier, une période d'accroissement et une période de déclin. Dans la première, le mouvement de la réparation nutritive l'emporte sur le mouvement désassimilateur ; le contraire a lieu dans la seconde.

L'harmonie fonctionnelle parfaite suppose une égale vitalité de tous les systèmes, de tous les organes. Plus un individu approche de cet équilibre, plus sont grandes ses chances propres de longévité.

Plus la somme des années déjà vécues est grande, plus on est porté à admettre l'existence de cette harmonie fonctionnelle, et plus, par suite, la longévité probable est considérable.

Mais un défaut d'harmonie dans les conditions d'évolution des systèmes organiques peut faire que dans la machine humaine certains rouages soient animés d'une puissance de vie moindre que les autres, soient capables d'une longévité plus limitée. L'arrêt de ces rouages devient dès lors, à un moment ou à un autre, un obstacle définitif au jeu normal des fonctions, et la nécessité de leur mort finit par rendre inévitable celle de l'individu.

82. La mort naturelle, celle dont chacun porte fatalement en soi les causes en venant au monde, doit donc être comprise de deux manières :

1° Par épuisement de la puissance plastique initiale de l'organisme tout entier ;

2° Par épuisement de la puissance plastique initiale d'un système organique.

Dans ce dernier cas il y a maladie, c'est-à-dire réaction des systèmes qui n'ont pas épuisé leur somme de vie, tendance à un mouvement irrégulier des rouages survivants auxquels il reste une certaine vitesse acquise.

Cette circonstance de la résistance d'une partie de l'organisme à la destruction a empêché de ranger la mort par épuisement circonscrit à côté de la mort naturelle. Cependant, au point de vue de la longévité, on ne saurait les séparer : toutes deux sont nécessaires ; toutes deux datent des premiers temps de l'organisation ; enfin, contre toutes deux, la médecine ne peut et ne pourra jamais rien.

Le seul but que puisse raisonnablement se proposer la médecine, aidée de l'hygiène, est d'assurer à chacun, *en le plaçant dans les conditions les plus propres à entretenir l'harmonie de ses fonctions et à rétablir cette harmonie lorsqu'elle a été troublée*, la longévité qu'il pouvait espérer le jour où l'œuf qui lui a donné naissance a été fécondé. Mais, nous le répétons, cette longévité est déjà variable.

83. Indépendamment des causes de détérioration inhérentes à l'individu, il faut donc tenir compte de celles qui lui sont extérieures et qui procèdent du milieu dans lequel il vit.

Nous venons de montrer que l'art ne peut rien contre les premières : elles marquent à chacun le terme de sa longévité possible. Quant aux secondes, à celles qui tiennent à l'action du milieu, elles auront d'autant plus d'importance comme causes productrices des maladies que l'individu, d'une organisation plus compliquée, a avec son milieu des rapports plus étendus et plus variés. A cet égard, l'homme est le moins bien partagé des animaux.

CONSTITUTION. TEMPÉRAMENTS. IDIOSYNCRASIES.

84. Qu'un individu paraisse avoir de grandes chances de longévité, que chez lui les fonctions s'exécutent avec régularité, l'accomplissement de chacune d'elles, loin de gêner le jeu des autres, le facilitant, on dira que cet individu présente une bonne constitution. Et on regardera comme ayant une mauvaise constitution tout sujet dont les actes vitaux s'écartent notablement de ce type de régularité et d'harmonie.

Si, considérant à un autre point de vue l'ensemble des actes fonctionnels, on s'attache surtout au degré de force physique du sujet, à sa dose de vitalité, à la somme de résistance qu'il oppose aux causes de maladie, on sera conduit à lui reconnaître une constitution *forte* ou *faible*.

Ce mot *constitution* comprend donc dans son acception la plus large, mais aussi la plus vague, la *manière d'être* des individus; aussi ne doit-on pas le regarder comme ayant en médecine une signification différente de celle qu'on y attache dans le langage ordinaire.

La notion de la constitution repose sur des caractères trop nombreux et trop difficiles à isoler pour qu'il soit possible de comparer à ce point de vue deux individus donnés.

85. Parmi les caractères multiples dont l'idée de *constitution* représente la résultante, ceux relatifs à la régularité des fonctions sont les moins difficilement appréciables. Aussi ont-ils pu servir de base à des comparaisons.

On a donné le nom de *tempéraments* aux physionomies diverses qu'impriment à l'organisation les prédominances fonctionnelles des constitutions mal équilibrées.

Ce défaut d'équilibre des grandes fonctions, qui donne naissance aux tempéraments, n'est pas incompatible avec la santé. Son exagération seule établit les prédispositions morbides que l'hygiène tend à prévenir en réglant les rapports de l'individu avec ce qui l'entoure de manière à compenser les traits trop prononcés de ses prédominances fonctionnelles, et à lui faire un milieu en rapport avec les exigences spéciales de son organisation.

On regardait autrefois toute prédominance fonctionnelle comme l'attribut d'un tempérament distinct. Aujourd'hui on ne décrit plus qu'un nombre très-restreint de tempéraments, ne considérant comme tels que ceux qui répondent à une tendance générale de la nutrition capable d'imprimer à tout l'organisme une physionomie spéciale. Tels sont les tempéraments *sanguin*, *nerveux* et *lymphatique*.

86. Le *tempérament sanguin* se reconnaît à la coloration vive de la peau, à la facilité avec laquelle cette coloration se modifie sous l'influence des diverses impressions ; à la mobilité, sous les mêmes influences, de la force d'impulsion du cœur ; à l'activité de la circulation nutritive, c'est-à-dire de la circulation capillaire. Les individus sanguins ont un système musculaire fortement développé et dont les saillies sont facilement visibles, car chez eux le tissu conjonctif, ferme et médiocrement abondant, ne masque pas les formes don-

nées par les organes locomoteurs. Chez les sujets sanguins, la respiration est active et la masse du sang considérable ; ils réparent facilement les pertes de sang.

A une époque où l'on se faisait du mécanisme de l'inflammation les idées les plus fausses, on a dit que les sujets sanguins y étaient plus particulièrement prédisposés ; et cela s'est répété depuis sans que rien ait jamais autorisé une pareille assertion.

87. Les attributs extérieurs du *tempérament nerveux* sont une physionomie mobile et expressive, l'œil vif, la peau d'un ton blafard ou terreux. Ce tempérament est caractérisé par la facilité et l'intensité avec lesquelles se produisent les phénomènes de réaction que nous avons décrits sous le nom de phénomènes réflexes. La sensibilité très-vive réagit à chaque instant sur les phénomènes moteurs ; d'où des mouvements brusques et saccadés, se produisant sous l'influence de la moindre impression ; une grande mobilité des sensations jointe à une grande puissance de la volonté ; des facultés intellectuelles généralement bien développées. On est surpris de rencontrer chez les sujets nerveux une énergie qui contraste avec leur maigreur, une force de résistance considérable aux fatigues, aux travaux, aux privations. En dehors de ces manifestations d'une énergie qui n'est pas expliquée par l'état apparent des moyens matériels d'exécution, les sujets nerveux éprouvent des périodes d'affaissement qui pourraient, chez d'autres, faire croire à l'imminence d'une maladie.

Les indispositions auxquelles sont sujettes les personnes qui présentent les attributs de ce tempérament montrent que chez elles l'énergie des fonctions de la vie extérieure contraste avec la débilité des actes de la vie végétative. Leurs digestions sont pénibles ; la constipation est, chez elles, fréquente et opiniâtre ; elles sont sujettes aux productions gazeuses dans les intestins, aux troubles de la circulation viscérale et aux désordres de nutrition qui en sont la conséquence.

88. Le *tempérament lymphatique* est celui qui est le plus voisin de constituer un état morbide. La limite entre le lymphatisme prononcé et l'affection scrofuleuse est difficile à établir. Les lymphatiques sont, comme les scrofuleux, prédisposés aux affections catarrhales ; on remarque chez eux une grande tendance aux maladies chroniques et au passage des maladies aiguës à l'état chronique.

Les conditions appartenant au milieu ont sur le tempérament lymphatique une influence plus appréciable que sur les autres, et c'est là encore un caractère par lequel il se différencie des types physiologiques décrits sous le nom de tempéraments, pour se rapprocher des états maladifs.

Le lymphatisme tend à diminuer par les progrès de l'âge ; il est surtout l'apanage des enfants et des femmes.

89. Les caractères des tempéraments que nous venons d'indiquer ne sont pas absolus et se rencontrent rarement complets. Ordinairement les traits les plus saillants subsistent seuls, les autres étant masqués soit par la fusion de deux tempéraments donnant lieu à ce qu'on a appelé les *tempéraments mixtes* (1), soit par l'influence

(1) Les tempéraments mixtes résultant du mélange des tempéraments sanguin et nerveux sont dits *sanguin-nerveux* ou *nerveux-sanguin*, suivant que les caractères du tempérament sanguin ou que

additionnelle d'un organe dont l'action *exagérée* ou *insuffisante*, sans aller jusqu'à imprimer un aspect spécial à la nutrition, exerce cependant sur une ou plusieurs fonctions une influence notable et établit certaines prédispositions aux maladies.

Ces conditions organiques individuelles, multiples et variées, conditions trop restreintes pour donner naissance à un tempérament, ont reçu le nom d'*idiosyncrasies*.

Les idiosyncrasies sont ordinairement congénitales, souvent héréditaires; mais elles se produisent bien plus facilement que les tempéraments chez des individus qui ne les présentaient pas en naissant. Dans ce dernier cas, elles sont la conséquence de quelque habitude ou d'une maladie.

On conçoit quelle variété infinie doivent offrir les organisations individuelles par suite du mélange en proportions variables des tempéraments entre eux, et de la complication par une ou plusieurs idiosyncrasies des types physiologiques divers qui en résultent.

90. Nous ne pouvons abandonner ces considérations relatives aux conditions organiques individuelles sans en mentionner une à laquelle on a donné le nom de *tempérament bilieux*.

Les observateurs anciens, frappés de la tristesse des personnes qui sont atteintes de quelque maladie du foie, de l'estomac, ou qui se trouvent habituellement sous l'imminence d'un dérangement des fonctions di-

---

ceux du tempérament nerveux prédominent. De même pour les tempéraments *sanguin-lymphatique*, *lymphatique-sanguin*, *nerveux-lymphatique* et *lymphatique-nerveux*.

gestives, avaient décrit un tempérament *mélancolique* dont on fit plus tard le tempérament *bilieux*.

Lorsqu'on passe en revue les traits principaux de ce tempérament bilieux, on voit qu'il offre un mélange du tempérament mixte *nerveux-sanguin* avec un défaut d'harmonie des forces digestives. Peu prononcé dans l'enfance, il ne se caractérise que vers l'âge adulte. Rare parmi les populations du Nord, il est très-commun chez les Méridionaux.

Si l'on tient compte de ces faits et en même temps de la prédisposition aux maladies des voies digestives qu'établissent l'âge adulte, l'été, le séjour des pays chauds, on voit que l'état organique décrit sous le nom de tempérament bilieux manque de quelques-uns des traits généraux sur lesquels repose la notion du tempérament.

Les sujets bilieux sont bruns, leurs cheveux sont épais et noirs. Leur susceptibilité nerveuse est très-grande, leur caractère impatient et difficile, leur système musculaire plus développé que celui des sujets purement nerveux. Tandis que les individus nerveux présentent presque constamment une maigreur assez grande, compatible cependant avec une santé parfaite, les sujets bilieux sont fréquemment pris, vers l'âge de quarante à cinquante ans, d'un embonpoint inégalement réparti qui est l'indice d'une aberration des forces nutritives.

Quant aux aptitudes qu'indique ce tempérament, ce sont surtout des prédispositions aux maladies des voies digestives en général, et particulièrement aux affections du foie et aux hémorrhoïdes.

91. En résumé, nous pensons qu'il n'existe que deux

tempéraments parfaitement physiologiques : le tempérament nerveux et le tempérament sanguin. Le tempérament lymphatique est presque un état maladif ; il accuse, soit chez celui qui le présente, soit chez ses ascendants, l'existence antérieure de causes de détérioration. Le tempérament bilieux est dans les mêmes conditions, bien qu'il reconnaisse des causes différentes. Enfin, un caractère qui distingue les tempéraments bilieux et lymphatique des tempéraments nerveux et sanguin est la chance qu'ils ont d'être modifiés par une hygiène bien entendue.

HÉRÉDITÉ. CONSANGUINITÉ.

92. Les traits généraux de l'espèce à laquelle ils appartiennent ne sont pas seuls transmis par les ascendants à leurs descendants. Ces derniers se rattachent encore à leurs parents par des particularités d'organisation dont la transmission par voie de génération constitue le fait d'hérédité.

93. Les tempéraments et les idiosyncrasies se transmettent ordinairement par voie héréditaire. Il en est malheureusement de même d'un grand nombre de maladies.

Les maladies héréditaires sont très-remarquables par leur marche et par l'époque de leur développement.

On les voit éclater ordinairement, chez le sujet qui en a reçu le germe par hérédité, à l'âge même où elles ont frappé l'ascendant qui a transmis la prédisposition. En revanche, si l'âge où cette prédisposition a le plus de chance de déterminer la maladie se passe sans que celle-ci ait éclaté, les chances funestes sont considérablement atténuées.

94. L'hérédité offre encore des effets plus singuliers : non-seulement les aptitudes nutritives qui caractérisent les tempéraments, les idiosyncrasies, les maladies, se transmettent par cette voie, mais aussi des vices de conformation qui peuvent n'être considérés que comme des accidents circonscrits et sans rapport avec la manière d'être générale des individus. Tels sont la surdi-mutité, un nombre anormal de doigts aux mains ou aux pieds, des hernies, et même, à ce qu'assurent des auteurs dignes de confiance, des mutilations accidentelles.

Dans l'ordre des phénomènes fonctionnels, ou voit des aptitudes qui, développées chez les parents par l'éducation, sont innées chez leurs produits, et ont été, par conséquent, transmises par hérédité.

95. Enfin, il est des conditions présentées par les parents qui, sans déterminer la transmission d'un état organique défini, ont cependant sur le développement des enfants qui en naissent une influence des plus notables.

C'est ainsi que les mariages entre proches concourent d'une façon notable à l'abâtardissement de l'espèce. Outre qu'ils exagèrent, au lieu de les atténuer, les influences héréditaires, ces mariages en créent de nouvelles et augmentent à chaque génération l'infirmité des produits. L'influence déplorable des mariages entre proches est très-sensible dans quelques villes industrielles, où ils sont un moyen d'empêcher la dissémination des fortunes.

Une autre condition de débilité des produits peut se trouver dans l'âge des parents. Des parents trop jeunes, trop âgés, ou d'âge trop inégal, procréent des enfants malingres, prédisposés au rachitisme, dépourvus de vivacité et de gaieté, souvent même phthisiques.

96. Heureusement ces causes d'abâtardissement de l'espèce trouvent dans leurs effets mêmes des compensations.

Ainsi la mortalité fréquente des sujets malingres à un âge assez peu avancé pour qu'ils n'aient pu donner de rejetons est un premier obstacle à l'extension du mal. L'infécondité très-commune des produits nés des unions mal assorties dont nous parlons plus haut concourt au même but.

Enfin, ce but peut être poursuivi en usant de l'influence réparatrice de croisements régénérateurs, qui arrivent à effacer les vices héréditaires par leur atténuation successive. Il faudrait toujours qu'un sujet de constitution débile ou de tempérament très-prononcé s'alliât à une personne différant de lui par autant de conditions organiques que possible.

97. Quant à l'importance relative des conditions dans lesquelles s'exerce l'hérédité, il est des degrés.

On se préoccupe davantage, avec raison, des vices héréditaires que présentent les ascendants directs, le père et la mère. Entre ceux-ci, le médecin redoute surtout la transmission des vices dont peut être entachée la mère.

On a prétendu, à l'occasion des faits d'hérédité directe, que la transmission paraissait s'exercer surtout du père aux filles et de la mère aux garçons ; mais c'est là une assertion qui, pour être admise comme loi générale, aurait besoin d'être établie sur un nombre plus grand de faits mieux observés.

La transmission héréditaire saute quelquefois une ou plusieurs générations.

D'autres fois elle est dite indirecte, lorsque, par exemple, c'est dans la ligne de ses ascendants collatéraux qu'on trouve le germe du vice dont est atteint un sujet.

98. Enfin, il est un fait extrêmement curieux, fait observé dans des conditions qui ne permettent pas le doute à son égard : nous voulons parler de l'influence d'une première fécondation sur les conceptions suivantes. Il n'est pas rare qu'une femme veuve qui se remarie donne, du fait de son second mariage, le jour à des enfants qui reproduisent certains traits physiques ou moraux du premier mari.

HABITUDES.

99. Nous avons vu jusqu'ici tous les phénomènes de la vie, tous les actes par lesquels elle se manifeste, témoigner de l'influence réciproque de l'organisme et du milieu dans lequel s'accomplit son évolution.

Les modes de sensibilité si divers dont nous sommes doués font que chaque influence extérieure nous affecte plus ou moins vivement, et modifie, par suite, les phénomènes de mouvement qui entretiennent la vie et assurent nos rapports avec l'extérieur. Or, il est remarquable que toutes ces influences, dont le résultat paraîtrait devoir être et est quelquefois une cause de destruction, ont pour principal effet de mettre l'organisme en harmonie avec le milieu dans lequel il vit. La répétition fréquente des mêmes impressions établit une disposition nouvelle à les supporter et tend à faire entrer la réaction qu'elles provoquent dans le concert des actes physiologiques.

Pour que ce but soit atteint, il faut que, chaque impression nouvelle étant à un certain degré perturbatrice, elle arrive, par le fait de sa répétition, à ne plus exercer une influence de ce genre. Il est donc nécessaire que la répétition d'une sensation modifie la manière d'être de la sensibilité. C'est, en effet, ce qui a lieu.

Toute sensation consciente ou inconsciente doit, par le fait de sa répétition, devenir le point de départ d'une habitude. Les fonctions de la vie de nutrition, qui sont soustraites à l'empire de la volonté, ne le sont pas pour cela à celui de l'habitude.

100. Modifiant la sensibilité, les habitudes ont une action directe ou indirecte sur toutes les fonctions. Lorsqu'elles sont établies, elles constituent donc une manière d'être normale, et font au sujet qui les a prises un milieu nouveau qui est devenu jusqu'à un certain point son milieu physiologique.

C'est pour cette raison que les habitudes doivent être respectées : elles ne sauraient être supprimées brusquement sans qu'on s'expose aux inconvénients qui peuvent résulter de toute perturbation, l'organisme ne pouvant se faire que lentement et progressivement aux habitudes qui remplaceront celles auxquelles il est soumis à un moment donné. Or il est des maladies habituelles qui sont dans ce cas ; compatibles avec un état de santé relativement bon, elles ont acquis droit de domicile dans l'économie, et on ne peut songer sans inconvénient à les guérir, ou du moins à les guérir brusquement.

AGES.

101. Aux différentes périodes de la vie correspondent des modifications anatomiques et fonctionnelles fort importantes.

Pendant la vie embryonnaire, le sang du fœtus se révivifie directement aux dépens du sang de la mère. Mais au moment de la naissance, les rapports qui assuraient la nutrition du fœtus cessent. Des rapports nouveaux s'établissent entre lui et le monde qui l'entoure, en même temps que les fonctions chargées d'assurer ces rapports commencent à entrer en activité. Les poumons se déplissent et se dilatent pour recevoir l'air. La régénération directe du sang, devenue impossible, est remplacée par la respiration qui assure l'absorption de l'oxygène et par une digestion qui prépare l'absorption des matériaux destinés à l'assimilation. Les fonctions de la vie de relation s'établissent. Les sensations extérieures vont devenir pour le centre nerveux une cause d'excitation de plus en plus importante ; l'éducation commence.

On comprend aisément qu'au milieu d'un changement aussi brusque de toutes les conditions de la vie les plus grands ménagements soient nécessaires. La facilité avec laquelle les enfants se refroidissent, avec laquelle leurs fonctions digestives se dérangent, l'influence fâcheuse qu'exerce sur toute leur nutrition le séjour dans une atmosphère viciée, réclament surtout l'attention.

102. Ces conditions de faible résistance aux influences extérieures diminuent à mesure qu'on s'éloigne de la naissance.

Une période quelquefois difficile à traverser, surtout dans les pays chauds ou dans les saisons d'été et d'automne, est celle de la première dentition. Beaucoup d'enfants succombent aux accidents qui accompagnent souvent l'évolution dentaire. Aussi importe-t-il d'y apporter une grande attention, et de se guider sur elle pour décider de l'opportunité de sevrer les enfants, c'est-à-dire de leur retirer le lait de la mère pour commencer à leur donner les aliments sous leur forme définitive.

103. La deuxième enfance, qu'on a fait dater fort arbitrairement du sevrage ou de l'apparition des premières dents, est caractérisée par le développement des fonctions de la vie de relation, par les premiers actes raisonnés, par les premières associations d'idées. Pendant cette deuxième enfance, il faut donner une nourriture réglée et suffisante, et renouveler fréquemment l'air autour de l'enfant. On lui évitera les fatigues intellectuelles, les frayeurs ; on empêchera surtout que sa curiosité naissante ne soit satisfaite avec des histoires fantastiques ou autres sottises qui pervertissent tout d'abord l'aptitude à juger et à apprendre.

104. Pendant l'adolescence, le pouvoir de résistance aux causes extérieures de maladie continue à augmenter; le développement physique se prononce de plus en plus;

l'intelligence se développe sous l'influence d'une culture qui doit être entreprise seulement à cette époque. Enfin l'aptitude à la reproduction apparaît, amenant des modifications dans le timbre et dans le ton de la voix, dans les allures et dans les goûts.

105. La période de virilité offre ensuite le tableau du plus parfait équilibre des fonctions. De même qu'elle a succédé sans transition marquée à l'adolescence, elle conduit insensiblement à la vieillesse. Petit à petit l'assimilation devient moins active; les fonctions des poumons et de la peau s'exécutent plus faiblement; celle-ci devient sèche; les cheveux et les dents tombent; la circulation capillaire se fait moins facilement. La cessation des fonctions liées à la reproduction est survenue à une époque plus ou moins avancée de cette période de décadence. Le tube digestif conserve cependant dans la vieillesse une énergie fonctionnelle qui n'est pas en rapport avec l'abaissement du rhythme général des fonctions.

Les sympathies qui unissent les voies digestives au cerveau sont alors plus marquées qu'à aucune autre période de l'existence, et deviennent fréquemment la cause d'accidents fort graves.

SEXES.

106. Tandis que dans le règne végétal la réunion des sexes dans un même individu est l'attribut des organismes les plus perfectionnés, nous voyons, au contraire, chez les animaux un peu élevés dans l'échelle zoologique, les sexes être toujours séparés. Des différences notables

existent, à ce point de vue, entre l'homme et la femme ; ces différences portent sur l'organisation physique, sur les instincts et les aptitudes.

Dans les actes de la reproduction, le rôle le plus important et le plus prolongé est dévolu à la femme. C'est elle qui porte les ovules ; le rôle de l'homme se borne à la fécondation de ces ovules, résultat du rapprochement sexuel.

107. Du moment de la fécondation datent, chez la femme, une série d'actes physiologiques fort remarquables.

L'ovule fécondé descend dans l'organe gestateur, dans la *matrice*, où il se nourrit aux dépens du sang de la mère et se développe.

Au bout de neuf mois de gestation, le développement du fœtus est assez parfait pour que, placé dans des conditions convenables, il puisse vivre d'une vie relativement indépendante. Là ne finit cependant pas le rôle de la mère, qui, après l'accouchement, doit encore, pendant un temps plus ou moins long, nourrir l'enfant d'un produit sécrété par elle : le lait.

108. Tandis que les fonctions de nutrition et de relation, qui assurent la conservation de l'individu, durent autant que lui, l'aptitude à la reproduction, qui assure la conservation de l'espèce, est temporaire.

On a donné le nom de *puberté* à la période de l'existence qui correspond au développement de la faculté procréatrice.

Les phénomènes physiologiques qui signalent l'établissement de la puberté sont moins marqués chez l'homme que chez la femme. Chez l'homme, ils se traduisent surtout par l'habitude extérieure, la mue de la voix, la présence des spermatozoïdes dans le liquide séminal.

Chez la femme, l'époque de la puberté est caractérisée par l'établissement de la *menstruation*. On a donné ce nom à l'écoulement périodique par les parties génitales d'une certaine quantité de sang venant de la surface intérieure de la *matrice* ou *utérus*. Cet écoulement, qui a lieu tous les vingt-huit jours environ, s'accompagne généralement de divers troubles fonctionnels : lassitudes, chaleur aux parties génitales, tiraillements dans le bas-ventre, etc.; les yeux sont cernés et moins vifs; il y a des maux de tête, cette exagération de la sensibilité qu'on appelle de l'agacement, une diminution de l'appétit, et parfois une perversion des goûts et du caractère. Toutefois, ces troubles fonctionnels ne sauraient être donnés comme représentant un état parfaitement physiologique : s'il est vrai de dire qu'ils sont la règle, cela prouve simplement que, chez les femmes, un bon état de santé de l'appareil reproducteur est l'exception.

La menstruation cesse temporairement pendant la grossesse et pendant la lactation. Enfin vient une époque où elle cesse définitivement, époque qui marque pour les femmes le terme de la fécondité.

109. Chez les femmes, une moindre quantité d'aliments suffit aux exigences d'une bonne nutrition.

Les systèmes osseux et musculaire sont moins développés chez la femme que chez l'homme ; en revanche, le tissu graisseux l'est davantage : aussi les formes extérieures sont-elles plus arrondies.

SECONDE PARTIE

LA SANTÉ

HYGIÈNE

110. L'hygiène a pour objet *l'étude du milieu dans lequel nous vivons, envisagé au point de vue des influences qu'il exerce sur le jeu de nos fonctions ;* elle se propose pour but de *régler les rapports de chacun avec son milieu, de manière à lui assurer la plus grande longévité possible.*

Dans l'examen de ces rapports de l'individu avec son milieu, nous passerons successivement en revue les influences habituelles ou accidentelles dont l'action modifie les fonctions de nutrition, celles qui s'adressent aux fonctions de relation, à la fonction de reproduction ; enfin nous terminerons par l'étude des modificateurs physiques, chaleur, lumière, etc., dont l'influence porte sur l'ensemble des fonctions.

Parmi les fonctions de nutrition, nous n'examinerons d'une manière spéciale que les absorptions et les excrétions, parce que c'est sur elles seules que peut porter directement l'influence du milieu commun. Les autres actes qui concourent à l'évolution nutritive s'accomplissant entre les tissus et le sang, milieu interne, individuel, au sein duquel ils se développent, échappent à l'action *immédiate* des agents extérieurs.

CHAPITRE V

HYGIÈNE DES FONCTIONS DE NUTRITION.

I

ABSORPTIONS DIGESTIVES.

111. La vie ne crée pas de matière ; elle ne fait que la transformer par des procédés qui lui sont propres : avec des éléments simples, elle forme les éléments plus complexes auxquels on a donné le nom de *principes immédiats*. Il est donc nécessaire, pour rendre possibles l'accroissement et la réparation de leurs tissus, de fournir aux êtres vivants des substances desquelles ils puissent tirer les éléments constitutifs de ces tissus, qu'ils puissent détruire pour trouver, dans les matériaux résultant de leur décomposition, de quoi reconstituer des substances nouvelles capables d'assurer leur propre réparation.

112. Or, si nous examinons quels sont les éléments simples des principes qui concourent à former les tissus des êtres vivants, animaux ou végétaux, nous voyons qu'ils sont en petit nombre : les principaux sont le *carbone*, l'*oxygène*, l'*hydrogène* et l'*azote*. Ces éléments

simples n'existent pas, dans les principes immédiats, à l'état d'isolement, mais ils s'y trouvent combinés entre eux dans les proportions les plus variées.

Aux quatre éléments simples qui constituent la partie fondamentale de la matière vivante, il faut ajouter d'autres éléments appartenant au règne minéral, et qui se trouvent incorporés à la matière organisée en proportions variables suivant les tissus. Les plus importantes de ces substances minérales sont les sels de chaux, qui forment la partie pierreuse des os, — la potasse, qui existe en proportion notable dans les muscles, — le chlorure de sodium ou sel marin, — le soufre et le phosphore, dont on trouve de très-petites quantités combinées avec les principes azotés ou hydrocarbonés, — le fer, dont on trouve des traces dans les globules du sang, etc.

113. On a divisé les principes immédiats en deux grandes classes, suivant qu'ils contiennent ou ne contiennent pas d'azote. Les principes immédiats azotés sont formés essentiellement de carbone, d'oxygène, d'hydrogène et d'azote ; ce sont la fibrine, l'albumine, la caséine et la gélatine. Les principes immédiats non azotés, appelés encore principes hydrocarbonés, sont les fécules, les graisses, les gommes, les sucres ; ils sont composés de carbone, d'hydrogène et d'oxygène.

ALIMENTS

114. C'est à des matériaux ayant eu vie que les animaux empruntent leur nourriture. Les végétaux, en

raison de leur richesse en principes hydrocarbonés, fournissent en général une alimentation plus riche en carbone ; la chair des animaux offre le type de l'aliment azoté.

Certains animaux se nourrissent exclusivement d'animaux, d'autres mangent exclusivement des végétaux. L'homme en santé doit recourir à ces deux ordres d'aliments, chercher dans la chair l'azote que les végétaux ne lui donneraient qu'en quantité relativement faible, et dans les végétaux les principes hydrocarbonés qui lui sont nécessaires.

On sent, d'après ce qui précède, l'inanité d'une classification des aliments par ordre de pouvoir nutritif, puisque la variété est la première condition d'un bon régime, et qu'une foule d'autres circonstances dont il sera question plus loin modifient l'aptitude à digérer, à absorber, à s'assimiler un aliment donné.

115. On ne s'en est pas tenu à essayer de *doser* le pouvoir nutritif des aliments. Des chimistes ont cru suffisamment tenir compte de l'influence qu'on doit reconnaître à la *qualité* d'une matière nutritive en divisant les aliments en *complets* et *incomplets*, suivant qu'ils renfermaient ou ne renfermaient pas d'azote.

Cependant l'expérience ayant montré qu'aucun principe immédiat, quelque *complet* qu'il fût chimiquement, n'était capable, employé seul, d'entretenir la vie, on dut considérer comme aliments complets ceux qui sont capables de nourrir, tels que la chair musculaire et les céréales, — et comme aliments incomplets ceux qui ne remplissent pas cette condition. Il est à remarquer que les aliments incomplets n'existent pas dans la nature à l'état d'isolement parfait ; toujours on les rencontre associés ou réunis à des aliments complets.

116. Partant de l'analogie de composition des aliments avec les tissus animaux, les théories exclusivement chimiques de la nutrition ont conclu à l'assimilation directe des principes immédiats, faisant faire de la graisse aux aliments gras, de la chair à la fibrine, etc. Mais on a pu s'assurer depuis que les choses ne se passent pas ainsi.

Il suffira de rappeler ici que les actes intimes de l'assimilation nous sont inconnus ; — que les matériaux venus du dehors dans le sang y arrivent dénaturés et s'y confondent dans un liquide nutritif de composition peu variable, au sein duquel les tissus puisent, suivant leurs aptitudes, ce qui est nécessaire à leur réparation ; — que l'appareil nerveux de la vie de nutrition tient ces actes sous sa dépendance, et qu'une série d'actions réflexes détermine les conditions par lesquelles la matière introduite dans l'économie est modifiée, depuis le moment de son ingestion jusqu'à celui de son expulsion.

On sait déjà que ce qui est indroduit dans les voies digestives n'est pas tout absorbé. Est-il nécessaire d'ajouter que ce qui est absorbé n'est pas tout assimilé ?

117. Les considérations précédentes établissent l'impossibilité de soumettre l'alimentation à des règles absolues. Un même aliment sera bien absorbé par un individu et difficilement par un autre, suivant l'état des organes chargés de l'absorption, suivant l'intensité et la localisation des phénomènes réflexes que déterminera l'ingestion de cet aliment, c'est-à-dire suivant la manière dont sa présence dans les voies digestives affectera la sensibilité consciente ou inconsciente de l'individu.

L'aliment une fois absorbé, il sera ou ne sera pas assimilé suivant une foule de conditions variables qui règlent l'aptitude des tissus à le fixer. Il est donc impossible de formuler un régime alimentaire qui soit le plus convenable.

118. Cependant l'observation a permis de constater quelques faits généraux qu'il est bon de connaître :

On sait qu'il est nécessaire de varier la nature des aliments. Nous verrons pourquoi cette nécessité quand il sera question des condiments.

On ingère, en général, beaucoup plus d'aliments qu'il n'est nécessaire pour assurer la nutrition. Cependant il faut tenir compte ici de l'influence de l'habitude, ne pas prendre cette proposition dans un sens trop absolu, et ne pas croire que les matériaux non absorbés ne remplissent jamais aucun rôle dans la nutrition.

Une plus grande quantité d'aliments est nécessaire dans les pays froids; une moindre suffit dans les pays chauds.

119. Après avoir tenté de caractériser les aliments par un pouvoir nutritif absolu qu'on avait la prétention de déduire de leur constitution chimique, on devait essayer, pour compléter le code de l'alimentation, de les classer par ordre de *digestibilité*.

Ici une première difficulté se présentait : comment comprendre la digestibilité ?

Pour les auteurs qui continuent à admettre que la digestion se fait entièrement dans l'estomac, les aliments les plus digestibles sont ceux qui séjournent le moins longtemps dans cet organe. Or, bien que la digestion stomacale, digestion préparatoire, ait une très-grande influence sur l'absorption de la masse alimentaire qu'elle prépare pour la digestion intestinale, on ne peut décider la question d'après les expériences entreprises dans cet esprit. Ici encore c'est l'observation journalière qui fournit à la pratique les données les plus utiles.

Parmi les aliments d'origine animale, le poisson frais est le plus facilement digéré. La chair des oiseaux vient ensuite ; puis celle des mammifères.

On admet que les viandes blanches sont de digestion plus facile que les viandes noires, mais qu'à poids égal ces dernières fournissent davantage à la nutrition ou sont plus réparatrices. Le fait de la digestibilité plus grande des viandes blanches (veau, poulet) n'est pas aussi général qu'on l'admet communément. Parmi les viandes de boucherie, on regarde le bœuf comme plus facile à digérer que le mouton, et celui-ci que le porc.

120. Mais ces distinctions ne conservent qu'une importance secondaire lorsqu'on tient compte des grandes différences que peut présenter un même aliment, au point de vue de la digestibilité et des qualités nutritives, selon qu'il aura été préparé d'une façon ou d'une autre.

L'appréciation générale de l'influence de la cuisine sur la qualité des aliments rentre dans l'étude des condiments. On peut dire cependant que, toutes conditions égales d'ailleurs, les viandes rôties sont de digestion plus facile que les viandes frites, et que celles-ci sont plus facilement digérées que les viandes bouillies.

121. Le laitage et les œufs sont encore des aliments d'origine animale. On a admis d'une façon générale que le laitage et les œufs se plaçaient, par leur digesti-

bilité, à côté de la volaille ; mais il ne nous paraît pas possible de les faire figurer dans un tableau où les aliments seraient rangés par ordre de digestibilité. En effet, la facilité avec laquelle sont digérés les œufs et le laitage varie, suivant les aptitudes individuelles et suivant leur mode de préparation, dans des limites extrêmement étendues. Le degré de cuisson, d'une part, rend les œufs très-légers ou très-indigestes ; d'autre part, un grand nombre de personnes ne les digèrent pas facilement ou sentent leur ingestion suivie de renvois sulfureux. Il en est de même du laitage, que ne supportent pas tous les estomacs ; ou dont les diverses formes, lait cuit, lait cru, beurre, fromages, sont tolérées à des degrés bien différents.

122. Il n'est pas plus facile de formuler les lois de la digestibilité des matières végétales. Certains auteurs ont avancé qu'elles sont de digestion aussi facile que les viandes blanches ; mais il est impossible d'admettre cette proposition comme générale.

Quoi qu'il en soit, on doit reconnaître que la cuisson rend plus faciles à digérer les légumes herbacés, les farineux et les fruits ; que les fruits crus sont d'une digestion moins facile que les légumes cuits ; que les légumes herbacés sont mieux supportés que les farineux, au moins par les estomacs fatigués. Quelques légumes, le chou notamment, présentent à cet égard les plus grandes différences. Pareille variété s'observe parmi les fruits. Enfin, les farineux ne sont bien digérés qu'à la condition d'une parfaite décortication préalable.

CONDIMENTS.

123. A une époque toute récente, alors que les théories exclusivement chimiques de la nutrition étaient en faveur, on analysait avec soin les aliments, cherchant à prévoir, d'après leur composition en albumine, en amidon, en graisse, etc., à quels tissus ils devaient céder de préférence des matériaux nutritifs. Dans ces analyses, on mentionnait quelquefois sous la dénomination vague de *matières extractives* certains principes mal définis chimiquement et qui n'existent qu'en quantité minime; mais l'insignifiance quantitative des éléments que ces principes abandonnaient à l'analyse empêchait, dans les théories de la nutrition, de tenir compte de leur présence.

Passant des spéculations de la théorie à l'expérimentation sur les êtres vivants, on a essayé sans succès de nourrir des animaux avec des principes immédiats chimiquement purs. On a obtenu de meilleurs résultats en ajoutant à ces principes immédiats purs quelques-unes des substances minérales qui entrent dans la constitution du corps; mais on ne remplace pas encore, par ce moyen, les vrais aliments. La théorie chimique de l'alimentation reste donc impuissante à rendre compte des phénomènes observés chez les animaux. C'est en vain, croyons-nous, qu'on essaye aujourd'hui de tirer une théorie des fumiers de ces idées dont n'a pu s'accommoder la physiologie animale : à défaut de système nerveux, les végétaux offrent, en effet, des tissus doués de propriétés dont il faut nécessairement tenir compte.

Or, les principes aromatiques, excitants, etc., principes mal définis, regardés comme négligeables en raison de leur faible quantité, sont précisément ce qui différencie les vrais aliments des principes nutritifs isolés et définis par la chimie. C'est à eux qu'il convient de donner le nom de *condiments*.

Les condiments représentent la partie des substances alimentaires qui intervient dans la nutrition, non pas tant en vertu de la somme des matériaux assimilables qu'elle représente qu'en vertu de la stimulation qu'elle produit sur les organes chargés d'assurer l'absorption et l'assimilation, et de l'activité plus grande qu'elle imprime ainsi au fonctionnement de ces organes.

124. Nous avons vu que chez les animaux toutes les manifestations vitales sont déterminées par des phénomènes de mouvement volontaires ou réflexes ; — que tout ce qui affecte la sensibilité consciente ou inconsciente aboutit à un mouvement ; — et que tous les phénomènes nutritifs, toutes les sécrétions, reconnaissent un point de départ de cette nature.

Or, les divers condiments, qu'ils fassent partie des aliments ou qu'ils soient ingérés à part, affectent de diverses manières la sensibilité de quelque partie des voies digestives ; cette impression se traduit par un mode de sécrétion particulier et imprime une activité spéciale aux phénomènes chimiques qui s'accomplissent ensuite lorsque les aliments se trouvent en contact avec les liquides sécrétés. L'action du condiment s'est donc manifestée par la réalisation de conditions favorables à la digestion de l'aliment auquel il est associé. Si, par exemple, on fait avaler des cailloux à un animal préparé pour l'observation, on verra son estomac sécréter du suc gastrique ; — qu'au lieu de cailloux on lui donne du bœuf bouilli, sa sensibilité sera affectée d'une manière différente, et la sécrétion sera plus abondante ; — cette sécrétion du suc gastrique sera plus abondante encore si, au lieu de bœuf bouilli, on donne à l'animal du bœuf rôti.

Leur mode d'action sépare donc bien nettement les aliments des condiments : les premiers nourrissent par eux-mêmes, en vertu de la quantité de matière qu'ils cèdent à l'organisme, tandis que les derniers ne sont que des modificateurs, comparables aux médicaments, qui n'interviennent que pour réaliser, par l'intermédiaire du système nerveux, les conditions d'activité dans lesquelles s'accomplit le travail de la digestion.

125. Presque tous les aliments portent avec eux leur condiment habituel ; mais il est rare qu'on s'en tienne à cet excitant normal, et la préparation des aliments y ajoute presque toujours quelque chose. Souvent, c'est le mode de cuisson qui développe les qualités condimentaires de quelque principe contenu dans l'aliment. Dans d'autres cas, c'est la putréfaction qui est appelée à solliciter la sensibilité gustative et à exciter les sécrétions digestives : le fromage et le gibier ne sont appréciés de beaucoup d'amateurs que lorsqu'ils sont dans un état de décomposition fort avancée.

126. Aux condiments que portent en eux les aliments, il est d'usage d'en ajouter quelques-uns qui, augmentant leur sapidité, en rendent la digestion plus facile. Les uns sont des aliments en même temps que des condiments : ils jouent dans la nutrition le double rôle de

matériaux assimilables et d'excitants. Le *sel*, les *sucres*, les *huiles*, les *truffes*, les *champignons*, etc., sont dans ce cas. D'autres ne jouent comme aliments qu'un rôle insignifiant ; ils favorisent seulement la digestion en raison de l'action qu'exercent leurs propriétés aromatiques sur les sensibilités gustatives.

127. Le *sel* est de tous les condiments le plus utile et le plus employé. On le rencontre dans tous les tissus en quantité assez considérable pour qu'il soit impossible de méconnaître son importance alimentaire. Son utilité comme assaisonnement n'est pas plus contestable : les viandes et les légumes cuits ne sont agréables au goût qu'à la condition d'être convenablement salés.

128. Le *sucre de canne* ou de *betterave* et le *miel* sont les seuls condiments sucrés d'un usage général. On peut les considérer comme étant à la fois des aliments et des condiments. Mélangés en quantité suffisante à divers aliments d'origine végétale ou au lait, ils en facilitent notablement la digestion. Pris en grande quantité sans être mélangé à des substances alimentaires, c'est-à-dire employé comme aliment, le sucre fatigue généralement l'estomac et diminue la puissance digestive. Le sucre est le véhicule ordinaire de plusieurs des condiments aromatiques dont il sera question plus bas. Il communique, en outre, soit qu'il s'y trouve en nature, soit que la fermentation l'ait transformé en alcool, leurs propriétés sapides à un grand nombre de boissons.

129. Les *huiles*, le *beurre* et les diverses *matières grasses* sont autant des aliments que des condiments; si nous croyons devoir les ranger parmi ces derniers, cela tient à ce qu'elles ne sont jamais ingérées seules. Mélangées

aux divers aliments, les matières grasses en modifient la consistance de manière à en faciliter souvent la digestion ; elles permettent de les soumettre à la cuisson sans les rendre trop fermes, tout en leur conservant leurs qualités.

130. L'acidité du *vinaigre*, du jus de *citron*, du jus d'*orange*, sollicite vivement les sécrétions salivaires. Le mélange du vinaigre ou du jus de citron avec le beurre, les graisses et les huiles, fait la base d'un grand nombre de bons assaisonnements.

Toutefois l'abus des condiments acides finit par rendre la nutrition languissante et produire une grande débilitation.

131. La *moutarde*, le *raifort*, le suc de *cresson*, les *câpres*, les *fleurs* et *fruits de capucine*, sont, avec le vinaigre, les condiments les plus employés dans nos climats. Ils paraissent sur nos tables associés au vinaigre ou conservés dans ce liquide. On attribue à ces condiments des vertus médicamenteuses qui sont loin d'être suffisamment définies ; toutefois ils fournissent d'excellents assaisonnements. Le cresson cru ou cuit est un des meilleurs aliments herbacés.

132. L'*ail*, l'*oignon*, la *ciboule*, sont très-employés dans le Midi. Quoique d'une digestion généralement facile, ils ne sont pas bien supportés par tous les estomacs et provoquent chez quelques personnes des renvois pénibles. On a attribué à l'ail une vertu préservatrice des empoisonnements miasmatiques en temps d'épidémie ; c'est là une opinion qui ne paraît encore reposer que sur des assertions émises légèrement.

133. Les qualités aromatiques de la *muscade*, du *macis*, de la *cannelle*, des clous de *girofle*, des *feuilles de laurier*, du *thym*, des *baies du genévrier*, du *persil*, du *cerfeuil*, de la *menthe*, de la *vanille*, du *café*, des *truffes*, etc., permettent de varier de mille manières la saveur des viandes, des légumes, du laitage.

134. Le *poivre*, le *piment*, le *gingembre*, stimulent puissamment les sécrétions digestives ; ils sont très-appréciés dans les pays chauds, où ils seraient fort utiles si on les employait simplement à assaisonner une dose convenable d'aliments. Mais on abuse généralement de l'énergie passagère qu'ils impriment aux fonctions de nutrition pour amener, par leur ingestion, l'organisme à tolérer une alimentation exagérée : c'est ainsi qu'ils aident les habitants des pays chauds à se départir de la sobriété, qui est dans ces climats la première condition de tout bon régime.

BOISSONS.

135. Si l'on enlevait à nos tissus l'eau qu'ils contiennent, le corps perdrait environ les neuf dixièmes de son poids ; l'eau joue donc dans l'organisme un rôle extrêmement important.

Or, il se fait incessamment, par les excrétions et par la respiration, une perte d'eau considérable que les aliments ne réparent que très-incomplétement ; le rôle des boissons est de restituer à l'économie la somme de liquide qui lui est nécessaire.

Mais les boissons ne fournissent pas seulement à

l'économie l'eau dont elle a besoin; la plupart tiennent en dissolution des matières qui en font des aliments et des condiments. Nous devons les examiner surtout à ce point de vue, car c'est par les éléments nutritifs dont elles sont le véhicule que les boissons diffèrent les unes des autres.

Le rôle alimentaire des boissons n'a, chez l'homme en santé, qu'une assez faible importance, la somme des matériaux organisables qu'elles cèdent à l'économie étant toujours peu considérable. Il n'en est plus de même du rôle qu'elles sont appelées à jouer comme condiments, soit que les principes qu'elles renferment aident simplement à l'absorption de l'eau qui les tient en dissolution, soit que leur ingestion favorise l'assimilation des aliments qui sont pris en même temps qu'elles.

136. L'*eau* potable doit être limpide, incolore, aérée, dépourvue d'odeur, d'une saveur douce sans être fade; elle doit renfermer quelques sels minéraux en quantité extrêmement faible. Si ces sels s'y trouvent en trop grande quantité, l'eau ne peut servir à bien cuire les légumes ou les viandes, et laisse, après qu'on l'a bue, un sentiment de pesanteur à l'estomac. L'eau trop chargée de sels minéraux, l'eau crue, comme on dit vulgairement, est facilement reconnaissable à ce qu'elle dissout mal le savon.

L'eau de pluie et l'eau qui provient de la fonte des glaces ou des neiges sont trop pures, trop dépourvues des principes minéraux qui sont les condiments ordinaires de ce liquide, et trop privées d'air pour être potables. Les eaux de puits, contenant une trop forte proportion de sels de chaux et de magnésie, sont impropres à l'alimentation et aux usages domestiques. Les eaux stagnantes des marais et des étangs doivent être repoussées, en raison des matières organiques qu'elles contiennent en dissolution. C'est parmi les eaux de source ou de rivière qu'on cherche d'ordinaire les bonnes eaux potables, qu'on ne doit cependant jamais employer que très-limpides. Depuis plusieurs années, on emploie avec grand avantage l'eau versée dans des canaux collecteurs par les tuyaux de drainage. Lorsque les drains ne sont pas établis dans un sol calcaire, l'eau qu'ils fournissent est la meilleure.

137. La sensation de la soif indique l'opportunité de l'ingestion de l'eau, mais elle ne suffit pas toujours à faire apprécier la quantité qu'il convient d'en prendre. Bue en trop grande abondance, l'eau laisse à l'estomac un sentiment pénible de distension, et elle ralentit ou interrompt la digestion des aliments qui peuvent y être contenus.

138. Les boissons agissent encore sur l'organisme en vertu de leur température. Selon qu'elles sont froides ou chaudes, elles enlèvent ou ajoutent au corps une certaine somme de calorique, et modifient ainsi la sensibilité de manière à produire par mécanisme réflexe des effets variés. Le froid est un bon condiment de l'eau : les boissons ingérées habituellement à une basse température exercent une influence fortifiante. Les boissons chaudes ou tièdes finissent, au contraire, par produire la débilitation de l'appareil digestif et de toute l'économie.

Les effets immédiats de l'ingestion des boissons froides ou chaudes sont différents. Tandis que les boissons chaudes (que nous considérons, en général, comme de mauvaises boissons) peuvent être prises impunément en assez grande quantité à la fois et ne gêner que par la distension mécanique de l'estomac qu'elles opèrent, les boissons froides doivent être ingérées en quantité très-faible, en quantité d'autant plus faible qu'elles sont plus froides. Avec cette précaution de n'avaler les boissons froides que par petites gorgées, l'homme en santé peut les employer sans inconvénient dans toutes les circonstances.

L'ingestion des boissons froides lorsque le corps est en sueur, a été de tout temps signalée comme présentant les plus graves inconvénients. Cette assertion tient à ce que, dans les circonstances où le corps est en sueur, communément après un exercice assez violent, on boit froid en grande quantité en même temps qu'on s'enlève, par le repos, les chances d'une prompte réaction. Dans ces conditions, on s'expose à tous les inconvénients qui peuvent résulter du *refroidissement lent* du corps, l'une des causes qui déterminent le plus fréquemment l'apparition des maladies.

139. Avant d'abandonner ces considérations générales sur les propriétés que doivent les boissons à des conditions communes, nous devons insister sur un point qui se rattache à la thérapeutique, mais qui tient tant de place dans la question des actions médicamenteuses qu'il nous est impossible de le passer sous silence en parlant des condiments, ces médicaments de l'homme en santé : nous voulons parler de l'action *tonique* ou *stimulante* des condiments solides ou liquides.

Qu'un condiment, par son action sur la sensibilité ou

par une action directe sur les tissus, amène l'économie
à utiliser une plus grande somme d'aliments et à fixer
ceux-ci dans les conditions.les plus profitables à l'exercice des fonctions élémentaires, on dit que ce condiment
est *tonique* ou qu'il *fortifie*.

Qu'un autre condiment ou médicament impressionne
différemment le système nerveux et l'excite de façon à
provoquer une réaction *passagère* vive, une dépense de
force plus ou moins considérable mais momentanée, on
dira que cet agent est un *stimulant*.

Le *tonique* crée de la force aux dépens de la matière
ingérée ; ou, pour employer le langage de l'école physiologique allemande, il aide à transformer une force
latente extérieure à l'organisme en une force latente
appartenant à cet organisme. Le *stimulant* donne la
faculté de dépenser momentanément une grande somme
de force ; il opère la transformation en force vive de la
force latente appartenant à l'organisme. Aussi, bien que
les effets immédiats de l'ingestion des toniques et des
stimulants présentent entre eux quelque similitude, il
importe de les distinguer profondément ; tandis que les
toniques fortifient, les stimulants affaiblissent, parce
qu'ils ne réparent pas ou ne réparent qu'incomplétement la force dépensée dans l'excitation passagère
qu'ils ont produite.

140. C'est d'après leur action physiologique tonique,
stimulante ou directement débilitante, qu'il paraîtrait
le plus convenable de classer les condiments aqueux,
c'est-à-dire la plupart des boissons ; mais plusieurs raisons empêchent de suivre cet ordre naturel. Indiquons
les principales :

Des boissons de provenance sensiblement pareille devraient être examinées séparément : ainsi les vins rouges, qui tiennent le premier rang parmi les boissons toniques, devraient être éloignés des vins blancs, que leurs propriétés rapprochent des stimulants, du thé, du café, etc.

Bien plus, une même boisson peut, suivant les conditions de son ingestion, indépendamment même de l'état de la personne qui l'ingère, produire des effets différents. C'est ainsi que l'eau froide est tonique, tandis que l'eau chaude est stimulante et par conséquent débilitante. Le café pris en petite quantité et avec d'autres aliments agit à la manière des toniques : il facilite la digestion, favorise l'assimilation et permet de faire, malgré une alimentation peu abondante, une dépense de force longtemps soutenue; pris seul, chaud et assez concentré pour n'être pas simplement une boisson légèrement aromatique, le café est stimulant et débilitant.

141. *Vin.* — Le vin est le produit de la fermentation du jus de raisin. Il varie de qualité avec le raisin qui l'a fourni et suivant les conditions dans lesquelles s'est accomplie la fermentation.

Le jus du raisin renferme une petite quantité de tartrate de potasse et de chaux, une matière organique azotée de composition très-complexe, et une proportion assez considérable de sucre. Le marc, constitué par les pellicules, les pepins et les rafles ou pédoncules qui portent les grains, contient la matière colorante, des huiles essentielles, des huiles grasses, du tannin et des sels. Sous l'influence de la fermentation, le sucre se change en alcool, et des réactions encore peu connues modifient l'état des autres principes contenus dans le jus ou abandonnés à celui-ci par le marc. Ces principes, en effet, se retrouvent dans le vin à l'état de combinaisons très-complexes et dans la proportion de 25 grammes environ par litre.

Dans la consommation, on distingue surtout les vins d'après leur couleur, en rouges ou blancs. Nous devons déclarer tout d'abord que les vins rouges et les vins blancs sont des produits tout à fait différents au point de vue de leur action sur l'organisme. Bientôt nous aurons à rechercher jusqu'à quel point la composition chimique et les conditions de fabrication des vins rouges et des vins blancs expliquent les différences qu'ils présentent.

142. Pris en quantité modérée, le vin rouge est essentiellement tonique et réparateur ; il convient à toutes les organisations, et, s'il n'est pas toujours indispensable à une bonne alimentation, les causes de débilitation que nous trouvons dans les habitudes d'une civilisation avancée en rendent l'usage nécessaire pour le plus grand nombre.

Le vin blanc est un stimulant qui agit énergiquement sur le système nerveux. Pris en quantité même modérée, il détermine une sensation d'énervement, diminue l'aptitude aux travaux intellectuels. Chez certains sujets prédisposés aux rhumatismes, le vin blanc en détermine l'apparition. Il augmente la quantité des urines. Les femmes qui mènent une vie sédentaire supportent généralement mieux le vin blanc que les hommes, du moins au point de vue de ses effets immédiats. Nous ne croyons pas pouvoir conclure de là que ce vin leur convienne davantage.

143. Si maintenant nous demandons aux analyses comparatives la raison de ces propriétés si différentes des vins rouges et des blancs, elles ne nous apprendront presque rien : c'est surtout au point de vue de l'alcool que les vins ont été examinés. Quant aux différences notées relativement aux matières qu'abandonne le vin soumis à l'évaporation, elles ne portent que sur la quantité de ces matières dont la proportion est de 25 grammes par litre pour les vins rouges et de 18 grammes seulement pour les vins blancs. On ne saurait évidemment trouver dans ce seul caractère la raison des différences profondes qui existent entre les vins rouges et les blancs.

L'examen des conditions de la fabrication est plus instructif. Dans la fabrication des vins rouges, le jus et le marc restent mélangés pendant la fermentation ; tandis que dans la fabrication des vins blancs on fait fermenter seul le jus des raisins immédiatement après la vendange. Pendant la fermentation, des modifications nombreuses s'accomplissent ; certaines substances dissoutes se déposent, d'autres se dissolvent, enfin des produits anciens ou de formation nouvelle se trouvent en présence et réagissent les uns sur les autres. Or, en enlevant le marc, on a retranché le tannin, les huiles grasses contenues dans l'épiderme des pepins, la matière colorante et des sels. Indépendamment du rôle que joue le marc en vertu des principes qu'il cède au vin, il exerce encore une action de présence fort importante et active singulièrement la fermentation.

Il est sans doute difficile d'expliquer, d'après ces seules données, la supériorité des vins rouges comme boisson habituelle ; cependant l'expérience fournit un moyen terme qui, rapproché des faits indiqués plus haut, peut en faire saisir la signification.

Dans beaucoup de localités, en effet, on fait des vins rouges en égrenant le raisin et faisant fermenter le jus avec un marc qui ne contient plus les rafles. Or on a remarqué que les vins obtenus ainsi sont dépourvus de la saveur un peu acerbe qu'offrent les vins rouges jeunes ; mais que les vins préparés en conservant les rafles se conservent mieux, gagnent davantage en vieillissant, et perdent au bout d'un an ou deux la saveur acerbe qu'on leur trouvait d'abord. En vieillissant, les vins rouges perdent de cette matière extractive qu'on a, sans preuves suffisantes, jusqu'ici donnée pour du tannin ; leur coloration devient plus pâle ; ils se dépouillent et se rapprochent un peu des vins blancs.

Il nous paraît permis de conclure de ce qui précède que ce qu'on regarde comme du tannin est un élément très-important du vin. La comparaison des vins rouges un peu jeunes avec les vins rouges très-vieux nous porte à penser que c'est surtout à l'existence de cette matière que les vins rouges doivent leurs propriétés toniques.

144. Enfin nous pensons, contrairement à une opinion universellement répandue, que les vins rouges un peu jeunes valent mieux que les vins rouges vieux comme boisson alimentaire habituelle.

On a prétendu encore que, pris en excès, les vins vieux déterminaient une ivresse qui s'accompagne moins fréquemment de phénomènes d'indigestion que l'ivresse provoquée par les vins jeunes. Nous croyons que le contraire est exact, et serions très-disposé à voir un instinct conservateur dans la préférence que les ivrognes donnent aux vins jeunes.

Lorsque les vins rouges vieillissent, en même temps qu'on voit le *dépouillement* les rapprocher des vins blancs, on peut noter que leurs qualités aromatiques se développent davantage. C'est là une raison de plus pour les considérer, avec les vins blancs, comme des boissons médicamenteuses dont l'action n'est pas bien connue, faute d'avoir été étudiée à ce point de vue.

Parmi les vins blancs, qu'on doit ne jamais prendre qu'en quantité moindre que les vins rouges, les plus innocents sont les vins mousseux : l'acide carbonique qu'ils contiennent paraît favoriser quelquefois le travail de la digestion.

Les vins blancs très-sucrés et très-alcooliques du Midi, dits *vins de liqueur*, fournissent, lorsqu'on les mélange à une assez grande quantité d'eau, une excellente tisane, très-agréablement aromatique et apaisant fort bien la soif.

145. *Cidre. Poiré.* — On fait le *cidre* en écrasant des pommes et abandonnant ensuite le jus à la fermentation.

Le *poiré* s'obtient en traitant des poires de la même manière. Le poiré ressemble un peu au vin blanc mousseux : il entre pour une large part dans la fabrication de certains vins de Champagne.

Le cidre provoque souvent, chez ceux qui n'y sont pas habitués, de la diarrhée et même de la dyssenterie. En somme, le cidre et le poiré sont des boissons médio-cres (1).

146. *Geniévrette.* — Dans quelques pays où l'on ne fait ni vin ni cidre, on use, comme boisson de table, d'une infusion à froid des baies du genévrier. On s'habitue vite au goût piquant et fortement aromatique de cette boisson qui peut être bue au bout d'un mois. Elle nous a paru la meilleure des préparations destinées à remplacer le vin rouge.

147. *Bière.* — La bière s'obtient en faisant fermenter un mélange d'infusion de houblon et d'infusion d'orge germée légèrement torréfiée.

La bière est une boisson alimentaire peu alcoolique. Elle peut être prise en mangeant, apaise très-bien la soif, et fait uriner abondamment. Coupée avec de l'eau, elle est une bonne tisane dans un grand nombre de maladies.

Les différentes espèces de bière qu'on trouve dans le commerce ne se ressemblent pas. La sophistication y remplace souvent l'infusion de houblon par des mélanges moins salutaires : la plupart des bières mousseuses dites de Lyon sont dans ce cas. Les bières an-

(1) Nous les avons vu remplacer avec avantage par un cidre artificiel mousseux dont voici le mode de préparation :

Prenez : Fleurs de sureau.   0k,003
Sucre blanc.....   2 ,250
Vinaigre blanc...   0 ,750
Eau commune...   30 ,000

Faire infuser le sureau ; — dissoudre le sucre dans l'infusion et le vinaigre ; — ajouter le reste de l'eau ; — laisser reposer le liquide ; — le mettre ensuite dans des cruchons ficelés. Ce cidre est potable au bout de huit jours à trois semaines, suivant la saison.

glaises et la bière de Bavière sont renommées à juste
litre: La bière de Strasbourg est la meilleure de France ;
celles du Nord sont indigestes.

148. *Eaux-de-vie.* — Les eaux-de-vie sont des alcools
faibles obtenus d'une première distillation. Toutes les
substances qui contiennent du sucre ou des fécules donnent par la fermentation de l'alcool, et peuvent ainsi
servir à préparer les eaux-de-vie qu'on boit telles que
les fournit la distillation, ou qu'on aromatise de la manière la plus variée pour préparer les liqueurs.

Les eaux-de-vie réputées les meilleures sont celles
que donne la distillation des vins.

Le froment, le seigle ou l'orge, mis fermenter dans
l'eau et distillés, donnent l'eau-de-vie de grain, qui est
fort peu estimée.

La distillation après fermentation du jus des fruits
sucrés fournit des eaux-de-vie aromatiques fort appré-
ciées : telles sont le kirsch-wasser (eau-de-vie de cerises),
l'eau-de-vie de prunes, l'eau-de-vie de figues, de dat-
tes, etc.

Le tafia et le rhum s'obtiennent par la distillation des
mélasses et des sirops qu'on retire de la fabrication et
du raffinage du sucre de canne.

149. On sucre et on aromatise les eaux-de-vie pour
faire les liqueurs. Les meilleures sont le curaçao, l'anisette et le cassis. Dans certains pays méridionaux, l'eau-
de-vie de figues est la plus estimée pour la fabrication
des liqueurs.

Le genièvre est une eau-de-vie de grain aromatisée.
La liqueur d'absinthe est encore une eau-de-vie aromatisée. Prise en petite quantité dans beaucoup d'eau,

cette liqueur apaise la soif d'une manière remarquable; mais la facilité avec laquelle une foule d'individus arrivent insensiblement à en abuser doit la faire proscrire d'une façon à peu près absolue.

150. Ces boissons très-alcooliques se prennent d'ordinaire à la fin des repas, et beaucoup de personnes prétendent qu'elles facilitent la digestion. C'est là une des erreurs les plus répandues et les plus préjudiciables à la santé. L'ingestion d'alcool dans un estomac qui contient des aliments peut bien en paralyser la sensibilité et faire disparaître momentanément le sentiment de gêne qui accompagne toute digestion paresseuse; de là l'opinion qu'un petit verre de liqueur facilite la digestion. Mais ce petit verre de liqueur l'arrête, au contraire, complétement; et ce n'est que quelques heures après que l'estomac revient de la torpeur causée par l'alcool et recommence à sécréter le suc gastrique qui doit dissoudre les aliments. Avant que ce fait eût été observé directement, on aurait pu le prévoir en se basant sur la propriété reconnue à l'alcool d'interrompre les fermentations.

151. *Café. Thé. Cacao.* — Les infusions de café, de thé, et la décoction de cacao ont été rapprochées par les chimistes en raison de l'identité de composition des principes immédiats qu'on extrait des fruits du caféier et du cacaoyer, et des feuilles du thé. Malgré cette ressemblance chimique, les préparations du café, du thé et du cacao sont essentiellement différentes quant à leurs propriétés.

La décoction du cacao dans l'eau ou dans le lait est

un aliment aromatique très-réparateur, et dont s'accom-
modent à merveille les estomacs fatigués. Le cacao se
rencontre surtout dans le commerce, sous forme de
chocolat, mélangé à chaud à du sucre et trop souvent à
de la farine.

152. Ce que nous avons dit du café, pris comme exemple pour montrer le genre d'influence que peut exercer
le mode d'administration d'une substance nutritive sur
ses propriétés, nous dispense d'y revenir longuement
ici. Il suffira de rappeler que, pris avec des aliments
et en petite quantité, le café est un bon condiment ;
que, pris froid et très-étendu d'eau, il constitue une
boisson agréable et calme bien la soif ; que, pris comme
boisson chaude, aux doses habituelles, c'est un des médicaments dont on a le moins souvent besoin.

Le café associé au lait joue aujourd'hui un grand rôle
dans l'alimentation ; il est difficile de dire actuellement
pourquoi le café au lait est un aliment médiocre ; quoi
qu'il en soit, les femmes et les sujets lymphatiques ou
lymphatico-nerveux doivent s'en abstenir.

153. Dans nos habitudes de régime, le *thé* est une
boisson chaude, et par conséquent une mauvaise boisson. Sans vouloir prétendre que le *spleen* britannique
reconnaisse pour origine l'abus de cette tisane, nous
pensons qu'on doit interdire l'usage habituel du thé
aux personnes dont les digestions sont paresseuses, bien
qu'il soit un bon médicament dans les cas d'indigestion
accidentelle. Contrairement à ce qui a lieu pour le café,
le thé gagne beaucoup à être mélangé au lait.

154. Les *boissons acidulées* (limonades, orangeade,

sirops de fruits acides) ne calment que momentanément la soif. Elles ont une influence généralement débilitante, et ne sont réellement utiles que dans les cas
où la substance à laquelle elles doivent leur acidité est
ajoutée à titre de désinfectant à une eau dont la qualité
est douteuse.

EXCRÉTIONS INTESTINALES.

155. La surface intestinale est le siége d'excrétions
peu connues en raison de l'impossibilité où l'on s'est
trouvé, jusqu'ici, de les observer indépendamment de
la portion non absorbée des sécrétions digestives et des
aliments. On sait seulement que leur quantité est augmentée et que leur nature est diversement modifiée dans
les états morbides variés compris sous la dénomination
commune de diarrhée.

Le rejet au dehors des produits de l'excrétion intestinale se fait donc par les selles, en même temps que
l'expulsion des matières fécales. Les caractères des
excréments varient avec le genre d'alimentation, avec
l'état de la constitution et surtout avec l'âge. Leur
expulsion doit être assez fréquente : l'homme doit
avoir une selle au moins par jour; les femmes éprouvent généralement moins souvent le besoin de la défécation, mais il est rare que leur santé ne soit pas compromise à la longue par sa rareté trop grande. Les gens
adonnés aux travaux de l'esprit, les sujets nerveux et bilieux, se rapprochent des femmes à cet égard; la constipation habituelle dont ils sont atteints contribue en-

core à exagérer chez eux les prédominances organiques déjà trop fortement accusées.

On doit se présenter à la selle chaque matin, qu'on en éprouve ou non le besoin. L'acte de la défécation est tellement soumis à l'empire de l'habitude que cette précaution finira, au bout de quelque temps, par déterminer l'apparition périodique du besoin à l'heure voulue.

156. Un usage fâcheux, très-répandu parmi les femmes, est celui des lavements tièdes pris périodiquement dans le but de faciliter les selles. Le lavement tiède est, dans ces cas, un expédient qui donne quelquefois le résultat immédiat qu'on en attend, mais dont l'emploi fréquent augmente considérablement la paresse intestinale. Les petits lavements froids n'ont pas les mêmes inconvénients; et si les avantages qu'on en retire sont tout d'abord peu marqués, leur usage habituel est du moins sans danger. On se trouvera bien, dans les cas où la paresse intestinale est considérable, de rendre les lavements froids légèrement purgatifs par l'addition d'une faible quantité d'infusion de séné.

EXCRÉTION URINAIRE.

157. Les reins séparent continuellement du sang une certaine quantité d'eau tenant en dissolution des matières azotées destinées à être rejetées hors de l'organisme. L'urine qui filtre ainsi à travers les reins s'accumule dans la vessie, d'où elle est expulsée périodiquement.

Les caractères des urines varient avec une foule de circonstances physiques ou physiologiques, notamment avec celles qui exercent une influence sur les excrétions dont le poumon et la peau sont le siége. Le froid humide en augmente la quantité, qui se trouve diminuée par la chaleur et le vent, par l'exercice musculaire, etc. L'ingestion des boissons augmente la quantité absolue des urines, en même temps que leur limpidité. Mais ces urines limpides renferment dans leur masse totale une plus grande somme de matériaux solides. On a cru pouvoir expliquer par là l'influence débilitante des boissons prises en grande quantité.

158. Les urines rendues le matin sont plus ou moins claires, suivant des conditions sur lesquelles nous n'avons pas toujours d'action. Un lit ferme sans être dur, et médiocrement couvert, est le coucher que doivent préférer les sujets dont les urines du matin sont souvent épaisses et colorées. L'usage des sommiers élastiques, qui tend à se substituer partout à celui des paillasses, et l'abandon des lits de plume, rendront assurément moins fréquentes les maladies qui sont favorisées par la concentration qu'éprouve pendant la nuit l'urine qui séjourne dans la vessie.

Si le besoin d'uriner est beaucoup plus fréquent que celui d'aller à la selle, il est en même temps beaucoup moins susceptible d'être soumis à des habitudes de périodicité. Lorsque ce besoin se fait sentir, il est nécessaire de lui donner prompte satisfaction. De nombreuses maladies sont, dans les deux sexes, le résultat fréquent des efforts faits pour retarder le moment de l'émission de l'urine.

II

ABSORPTION RESPIRATOIRE.

159. Nous avons vu comment le sang se vivifie au contact de l'air, comment il s'y charge d'oxygène en se débarrassant d'acide carbonique et de vapeur d'eau. L'importance de cette fonction n'est ignorée de personne : la respiration ne peut être supprimée pendant quelques instants sans que la mort survienne.

Nous devons maintenant envisager l'air atmosphérique au point de vue des altérations de composition qu'il peut éprouver et des accidents plus ou moins graves qui sont la conséquence de sa viciation.

160. L'air peut être vicié par son mélange à une quantité, même très-faible, de gaz étranger ou de vapeur. Le chlore, l'acide chlorhydrique, l'acide sulfureux, la vapeur de phosphore et l'acide hypoazotique se trouvent mélangés à l'air dans le voisinage des usines où s'exercent certaines industries, et peuvent devenir causes de maladies, tant par suite de leur action sur les voies aériennes que par le fait de leur absorption. Toutefois ces causes de viciation de l'air sont exceptionnelles et ne se présentent que dans des conditions bien définies.

161. La viciation de l'air par les hydrogènes carboné, phosphoré et sulfuré est plus commune. L'hydrogène carboné existe dans les marais, dans les houillères, partout où se trouvent des matières végétales en décom-

position. L'hydrogène phosphoré est ordinairement un des produits de la décomposition des substances animales.

L'hydrogène sulfuré se dégage des fosses d'aisances; il est produit par la décomposition des matières végétales et animales. Ces gaz, résultant de la dissolution putride des matières organiques, se rencontrent ordinairement mélangés entre eux et souvent mélangés à l'ammoniaque ou combinés avec elle. Lorsque le dégagement des hydrogènes carboné, sulfuré ou phosphoré a lieu dans un espace restreint, ils peuvent se mélanger à l'air de ce milieu confiné en proportion suffisante pour déterminer rapidement des accidents graves et même la mort.

162. Le gaz dont le mélange à l'air occasionne le plus fréquemment la mort ou des accidents graves est l'oxyde de carbone. Les procédés de chauffage et d'éclairage dans lesquels la combustion est incomplète en donnent toujours une quantité plus ou moins notable.

163. L'air peut encore être le véhicule d'autres causes de maladies par les poussières qu'il tient en suspension. Un grand nombre de professions exposent ceux qui les exercent à l'introduction dans les poumons de poussières minérales qui tantôt exercent simplement une action irritante locale (paveurs, tailleurs de silex, rémouleurs), et tantôt produisent de véritables empoisonnements, comme cela se voit chez les ouvriers qui broient la céruse. Quelquefois, enfin, l'air est chargé de poussières d'origine végétale ou animale dont l'action irritante s'observe toutes les fois qu'elles sont abondantes, comme dans les filatures.

164. Mais la cause de viciation de l'air la plus commune est l'encombrement. Dans les endroits où sont réunis des hommes ou des animaux, l'air est vicié par son mélange avec les produits rejetés par la respiration ou éliminés par l'excrétion cutanée.

Normalement, l'air offre en poids la composition suivante :

$$\text{Oxygène} \ldots \quad 23,10$$
$$\text{Azote} \ldots \ldots \quad 76,90$$

On y trouve, de plus, de 3 à 6 dix-millièmes d'acide carbonique, et de 6 à 9 millièmes de vapeur d'eau. Or, la respiration tend à diminuer la proportion d'oxygène en même temps qu'elle augmente les proportions d'acide carbonique et de vapeur d'eau, au point que dans les théâtres, dans les salles d'asile, dans les amphithéâtres où se font les cours publics, la proportion d'acide carbonique est souvent plus que décuplée et l'atmosphère saturée de vapeur d'eau.

La viciation de l'air par excès d'acide carbonique n'est sans doute pas exempt d'inconvénients graves quand ce gaz s'y trouve en proportion un peu considérable. Mais, dans la pratique, on s'est trouvé conduit à en exagérer singulièrement l'importance, en raison des difficultés que présente l'appréciation d'autres influences délétères dont l'apparition coïncide avec l'augmentation de l'acide carbonique.

165. Parmi ces dernières il faut signaler, outre la production de l'oxyde de carbone, la viciation du milieu respirable par les matières organiques que tient en dissolution ou en suspension la vapeur d'eau rejetée dans

la respiration, matières reconnaissables à ce qu'elles rendent rapidement putrescible cette vapeur d'eau condensée.

Dans la viciation de l'air d'un milieu confiné, il importe de distinguer soigneusement les deux ordres d'influences. L'excès d'acide carbonique ou l'existence de l'oxyde de carbone se traduisent par des effets dont l'action isolée ne peut être bien appréciée que dans les cas où la proportion de ces gaz est notable : leur action est alors très-prompte. Il n'en est pas de même des matières animales entraînées avec la vapeur d'eau dans l'expiration ; leur influence s'exerce lentement et se traduit par les effets les plus délétères. Ces matières animales produisent chez ceux qui les respirent un empoisonnement lent ; elles troublent profondément la nutrition, déterminent la chlorose, diverses névroses, une débilité qui prédispose aux maladies dites inflammatoires, et exagère jusqu'aux scrofules le tempérament lymphatique. On a même prétendu que la fièvre typhoïde pouvait naître sous cette influence ; et, bien que ce fait ne soit pas suffisamment prouvé, on est disposé à le regarder comme fort probable lorsqu'on considère les fâcheux résultats de l'encombrement : épidémies des armées, des hôpitaux, mortalité effrayante dans les établissements où sont réunies beaucoup de nouvelles accouchées.

166. On a donné le nom de *miasmes* à ces poisons d'origine animale ou végétale qui, dispersés dans l'air, sont absorbés par les poumons. La chimie ne nous a rien appris jusqu'à présent sur leur constitution. On ne peut guère juger de leur existence et de leur na-

ture que par leurs effets sur les organismes vivants.

Qu'ils soient d'origine animale ou végétale, les miasmes sont des produits de la décomposition spontanée de matériaux ayant eu vie. Constamment les excrétions en fournissent, notamment les excrétions pulmonaire et cutanée. Ils produisent lentement leurs effets sur l'homme sain, mais peuvent déterminer assez promptement l'apparition d'une maladie chez les sujets affaiblis ou prédisposés.

La nature de ces exhalations variant suivant l'état de santé des sujets qui les fournissent, suivant leur âge, leur sexe, etc., on comprend aisément comment, lorsque ceux-ci sont malades, les miasmes qu'ils produisent déterminent souvent, chez les sujets sains ou malades qui les respirent, des accidents de nature et de gravité diverses. C'est à cette condition qu'il faut rattacher l'apparition des maladies qui, à un moment donné, frappent un grand nombre d'individus dans une salle d'hôpital, maladies qu'on fait disparaître en faisant cesser l'encombrement.

167. Enfin, outre les miasmes en quelque sorte physiologiques fournis par les sujets sains, il est, parmi les miasmes fournis par des sujets malades, des émanations organiques qui ont le pouvoir de développer une maladie de forme déterminée, maladie telle que les exhalations des sujets qui en sont atteints la font apparaître chez les individus qui respirent ces exhalations.

On donne le nom de *contagieuses* aux maladies dans lesquelles le sujet malade fournit des produits de nature à déterminer chez des sujets sains la *même* maladie.

Les maladies contagieuses sont de divers ordres. Les

unes sont évidemment miasmatiques, et les conditions de leur transmission ne diffèrent pas des conditions qui ont déterminé leur apparition première ; ce sont celles à la propagation desquelles l'air peut servir de véhicule.

Pour d'autres, comme pour la syphilis, la rage, le charbon, etc., la transmission par le milieu commun n'est pas possible ; et il faut une inoculation, ou au moins le contact de l'agent qui déterminera l'apparition de la maladie.

On suppose que dans le premier cas le principe capable de transmettre la maladie est volatil ou tenu en suspension dans l'air, et que, dans le second, il est fixe et exige qu'on aide à son transport. Aussi les poumons sont-ils la voie habituelle de pénétration des poisons miasmatiques, tandis que c'est par la peau que pénètrent les agents morbides pour la transmission desquels l'inoculation ou le contact est nécessaire.

168. Lorsqu'une maladie règne habituellement dans une localité, on la dit *endémique*. Les émanations miasmatiques jouent souvent un rôle important dans les endémies : c'est ainsi que la fièvre intermittente est endémique dans les contrées marécageuses. Cependant l'existence des maladies endémiques peut reconnaître des causes de tout autre ordre : conditions physiques de l'atmosphère, composition des eaux, nature du sol, vents habituels, etc.

169. Une maladie qui apparaît passagèrement dans une localité où elle atteint un grand nombre de sujets est dite *épidémique*.

On admet que les maladies épidémiques sont dues le

plus souvent à un empoisonnement miasmatique de nature spéciale sur lequel les conditions physiques extérieures n'exercent qu'une influence modificatrice, favorisant l'action de la cause toxique, ou rendant l'organisme plus ou moins réfractaire à ses effets.

170. Ce rôle des conditions générales du milieu dans la propagation des maladies contagieuses et dans l'extension ou la limitation des épidémies rend tellement variables les rapports de cause à effet entre les faits soumis à l'observation, que les auteurs n'ont pu tomber d'accord lorsqu'ils ont essayé de spécifier le caractère endémique ou épidémique, contagieux ou non contagieux, d'une maladie donnée. Ainsi, la plupart des maladies épidémiques étant regardées comme miasmatiques, on a dû admettre néanmoins qu'il est des maladies épidémiques non miasmatiques. Le rapport entre l'origine miasmatique d'une maladie et sa contagiosité est également fort obscur : si la plupart des maladies miasmatiques sont contagieuses, il en est qui ne le sont pas. Enfin, il est telle maladie qui, habituellement non contagieuse, paraît le devenir dans des conditions particulières, notamment lorsqu'elle devient accidentellement épidémique.

L'incertitude qui règne dans ces questions est, nous le répétons, la conséquence forcée des conditions variables qui règlent d'une part la diffusion de la cause morbide, et, d'autre part, l'aptitude de l'organisme à être impressionné par elle. C'est ainsi, par exemple, que la contagion par l'intermédiaire de l'air s'effectue, tantôt entre les sujets voisins, et tantôt à des distances considérables ; — que des individus peuvent transporter dans leurs vêtements les germes d'une maladie contagieuse, germes qu'ils auront recueillis et qu'ils transmettront à d'autres sans avoir été eux-mêmes atteints de la maladie.

171. Si l'encombrement doit être évité en tout temps, il doit l'être surtout en temps d'épidémie. On devra, en même temps, éviter les variations brusques de température, les écarts de régime, les préoccupations morales pénibles, etc., en un mot tout ce qui peut devenir pour l'organisme une cause d'ébranlement.

172. On s'est beaucoup préoccupé aussi des moyens de détruire les miasmes. Tous ceux qui ont été essayés ont trompé les espérances qu'on avait fondées sur leur usage, ce qui tient à ce qu'on leur demandait plus qu'il n'était raisonnable d'en attendre. Il est d'ailleurs loin d'être prouvé que leur emploi n'ait pas eu de résultat avantageux. La solution précise de ces questions de préservation est impossible.

Quoi qu'il en soit, on a employé les préparations chlorurées et le chlore, qui, en raison de leur grande affinité pour l'hydrogène, détruisent les matières organiques. Ce même but de produire une désorganisation chimique des principes miasmatiques a été poursuivi à l'aide de beaucoup de sels métalliques, de sels de fer notamment.

Les cendres et les matières charbonneuses ont été employées aussi à la désinfection des voiries, des lieux d'aisances, etc., en raison de la propriété qu'elles ont d'absorber les gaz.

Enfin il est une classe de substances parmi lesquelles le camphre seul a été employé, et sur lesquelles on a récemment appelé l'attention : ce sont les substances hydrocarbonées, gazeuses ou liquides et volatiles, qui ont la propriété d'empêcher la fermentation des matières organiques avec lesquelles on les met en contact. Or, différentes raisons ayant conduit à penser que peut-être les principes miasmatiques jouissaient de la propriété de se reproduire par de véritables fermentations, il devenait rationnel de répandre dans le milieu où ont lieu ces fermentations des vapeurs capables d'y mettre obstacle. Nous avions institué, d'après cette donnée, un traitement général des maladies infectieuses qui nous a paru jusqu'ici donner de très-bons résultats. Récemment, les expériences faites sur le mélange de plâtre et de goudron de houille de MM. Corne et Demeaux ont fait espérer qu'il serait possible de diminuer considérablement par ce moyen les dangers qui résultent de l'encombrement dans les services chirurgicaux où des plaies en suppuration viennent ajouter une nouvelle cause de viciation de l'air à celle qui résulte déjà des exhalaisons miasmatiques normales.

173. Nous n'avons pas à examiner ici les mesures d'hygiène publique par lesquelles on essaye de diminuer les chances funestes des épidémies. Elles ne diffèrent pas, au fond, des précautions hygiéniques à prendre dans chaque intérieur. Deux grandes questions cependant méritent d'être signalées parmi celles qui touchent à l'extension des épidémies par voie de contagion : celle de la suppression des quarantaines et celle du déboisement.

L'expérience a établi que l'existence des quarantaines n'opposait pas au transport des maladies épidémiques une barrière infranchissable. D'autre part, elles pesaient

de la manière la plus lourde sur une foule de transac-
tions et isolaient certains pays du reste du monde. On
les a donc à peu près supprimées, et l'événement n'a
pas, jusqu'ici, condamné cette mesure.

La question du déboisement est beaucoup plus intéressante :

Il est de très-ancienne observation que les forêts op-
posent souvent aux épidémies une barrière difficile à
franchir ; on sait d'ailleurs que la végétation est le
meilleur moyen à opposer à la production des miasmes ; que, toutes conditions égales d'ailleurs, le degré
de salubrité d'un pays est en raison de sa culture. Malheureusement les forêts tendent à disparaître des pays
réputés civilisés.

Tant qu'il restera un bois, un rideau d'arbres, nous
engageons ceux de nos lecteurs que leur devoir ne con-
damne pas au séjour des villes, à mettre, en cas d'épidémie, ce rideau d'arbres entre l'épidémie et eux.

III

ABSORPTION CUTANÉE.

174. La peau est, comme les surfaces intestinale et
pulmonaire, le siége d'un double mouvement d'échange
entre l'organisme et l'extérieur. Du côté du poumon,
les conditions de cet échange sont assez bien déterminées. Du côté de l'intestin, on a surtout étudié le mouvement de pénétration des substances qui sont portées
de l'extérieur dans le courant sanguin ; mais nous ne

possédons que des données fort vagues sur les exhalations qui se font par la surface muqueuse des voies digestives. Les fonctions de la peau ne sont guère mieux
connues à ce point de vue, ce qui tient aux variations
considérables qu'elles présentent dans leur degré d'activité, variations qui sont liées surtout à l'état des éliminations urinaire, respiratoire et intestinale, ainsi
qu'aux oscillations de la température et de la pression
atmosphérique.

Malgré l'ignorance où l'on était du rôle physiologique
de la peau, on avait, dès la plus haute antiquité, senti
de quelle importance est l'intégrité de ses fonctions,
combien est grande l'influence qu'exercent sur elle les
conditions physiques générales, et quelle surface elle
offre à l'action d'une foule de causes accidentelles de
maladie.

Aussi voyons-nous les premiers législateurs ériger
les préceptes de l'hygiène cutanée en lois civiles ou
religieuses.

BAINS.

175. Les diverses ablutions et les bains n'étaient à
l'origine que des mesures de propreté.

Plus tard, on a varié la température des bains de
façon, non plus seulement à nettoyer la peau, mais à
modifier l'état calorifique du corps et à impressionner
diversement l'épanouissement des filets nerveux sensitifs qui se distribuent à sa surface extérieure. Aujour-
d'hui qu'on cherche à remplir par les bains des indications multiples et mieux définies, on donne ce nom au

séjour prolongé du corps dans un milieu autre que son milieu habituel : aussi examinerons-nous ici non-seulement les bains d'eau ordinaire ou médicamenteuse, mais les bains de vapeur et les bains d'air sec ou d'étuve.

176. L'usage des bains, très-répandu chez les anciens, avait à peu près disparu dans nos climats tempérés pendant le moyen âge. Les monuments qui nous restent de cette époque témoignent d'ailleurs qu'au point de vue hygiénique les traditions de la civilisation romaine s'étaient perdues complétement.

Le moyen âge n'a laissé aucun de ces grands travaux d'utilité publique qui nous donnent aujourd'hui la mesure des civilisations antérieures. Dans ses villes mal percées, dans ses maisons sans air et sans lumière, croupissaient des populations malpropres que décimaient les famines et les épidémies alors extrêmement fréquentes et très-meurtrières. C'est de ce temps cependant qu'on fait dater l'usage du linge de corps ; mais quand on voit combien le linge était encore rare il y a cent ans, on ne peut s'empêcher d'en regarder l'emploi général comme une habitude toute moderne. Aujourd'hui les bains simples ou minéralisés sont de nouveau très en faveur, tant comme agents hygiéniques que comme modificateurs thérapeutiques. Nous ne nous occuperons ici que des premiers.

177. Les bains d'eau commune ont été surtout distingués jusqu'ici d'après le degré absolu de leur température fourni par le thermomètre. Mais cette base d'appréciation est évidemment défectueuse. La quantité de liquide mis en rapport avec la peau, les conditions mé-

caniques de son contact (contact simple, frottement, chocs), enfin la manière d'être de la sensibilité des individus qui y sont soumis, impriment aux bains les propriétés les plus variées, et font qu'il est impossible de prévoir leur mode d'action d'après les simples indications thermométriques. Parmi ces conditions liées aux susceptibilités individuelles, la plus importante est sans aucun doute l'aptitude plus ou moins grande à supporter la privation du contact de l'air et la suppression momentanée de la respiration cutanée. Cette condition met la tolérance à l'immersion sous une dépendance étroite de l'état des poumons, et devrait sans doute être regardée comme la première des contre-indications du bain chez les sujets à poitrine délicate.

178. Les bains *tièdes* sont ceux qui, quelle que soit leur température, donnent au baigneur immobile la sensation d'une chaleur très-voisine de celle du corps.

Ne provoquant pas de sensation calorifique marquée, les bains tièdes sont les bains types, ceux dans lesquels l'influence propre du milieu liquide apparaît le mieux dégagée d'influences étrangères. Analysant les impressions que procure le bain tiède, on voit que, lorsqu'on y entre, les parties plongées les premières dans le liquide perçoivent une sensation de chaleur qui persiste pendant un temps assez long, pourvu qu'une partie peu étendue du corps soit seule plongée dans l'eau. La conductibilité de l'eau, beaucoup plus grande que celle de l'air, n'est donc pas, comme on l'a souvent dit, une cause très-notable de refroidissement. Mais cette sensation de chaleur dans les parties immergées les premières disparaît bientôt quand le corps tout entier est entré dans le bain. Le passage de l'air dans un milieu liquide qui suspend ou ralentit les fonctions respiratoires de la peau est donc une cause très-active de refroidissement. Cette dernière influence s'apprécie d'autant mieux que le séjour dans le bain tiède est prolongé davantage; alors même que la température du bain serait maintenue à un degré constant, le corps s'y refroidit. Pris ainsi prolongés (et la durée d'un bain long varie suivant les sujets), les bains tièdes ont une action sédative marquée : ils sont un bon moyen de faire cesser la fatigue musculaire et d'apaiser l'excitation nerveuse.

Le poids du corps augmente dans l'eau tiède; il y a donc fixation d'une certaine quantité d'eau. Le calme et la souplesse que les bains tièdes donnent aux systèmes nerveux et musculaire résultent sans doute de cette humectation de leur tissu.

Les bains tièdes de courte durée sont les bains de propreté. Ils conviennent aux enfants, aux femmes, aux convalescents, aux sujets nerveux ; mais à la condition, lorsqu'on en fait un usage fréquent, qu'on en abrége de plus en plus la durée en même temps qu'on en abaissera progressivement la température. Pris trop fréquemment, les bains tièdes un peu longs sont débilitants.

179. Les *bains chauds* sont ceux dans lesquels la température du corps s'élève. Le degré thermométrique à partir duquel un bain échauffe le corps varie avec les sujets et suivant les circonstances. Quelquefois l'échauffement du corps commence dans un bain à la température du sang; ordinairement il a déjà lieu à une température inférieure; rarement une température

plus élevée est nécessaire pour produire ce résultat.

Le sentiment d'oppression qu'on éprouve en entrant dans un bain, quelle qu'en soit la température, persiste dans le bain chaud. Les mouvements respiratoires et ceux du cœur s'accélèrent, trahissant une gêne de la respiration et de la circulation qui constitue un commencement d'asphyxie. Si l'immersion se prolonge, le baigneur est exposé aux défaillances, aux vertiges ; il y a une tendance aux congestions cérébrales et pulmonaires, tendance qu'on observe dans les circonstances variées qui favorisent l'asphyxie. L'élévation de la température du corps se trahit, indépendamment de son action sur la circulation et la respiration, par une soif vive, par une sueur abondante qui couvre la tête restée exposée à l'air, par un affaissement musculaire qui persiste longtemps après qu'on est sorti de l'eau. Le bain chaud est profondément débilitant et n'a aucune valeur hygiénique. Dans les cas où il est avantageux de produire à l'aide de la chaleur un certain degré d'excitation de la peau, les bains d'étuve sèche ou les bains de vapeur sont toujours préférables.

Le corps perd de son poids dans le bain chaud.

180. Les effets des *bains frais, froids* ou *très-froids* varient singulièrement suivant leur durée et suivant qu'on y garde le repos ou qu'on s'y livre au mouvement.

Ils produisent tout d'abord de la suffocation et un sentiment de constriction au creux de l'estomac ; la respiration est gênée, saccadée et convulsive plutôt qu'accélérée, la parole est entrecoupée ; la peau est décolorée et présente le genre d'érection auquel on a donné le nom de chair de poule ; en même temps le pouls devient petit et dur, sans que les battements du cœur soient plus rapides ; ensuite surviennent des douleurs musculaires.

Quand l'eau n'est pas trop froide, quand en même temps le baigneur est vigoureux et se livre au mouvement, ces premiers symptômes s'apaisent et font place à un sentiment prononcé de bien-être et de force. Mais au bout de quelque temps le sujet commence à se refroidir de nouveau ; il est grand temps alors de sortir de l'eau pour se soustraire aux effets fâcheux de ce refroidissement lent. Après le bain froid pris dans ces conditions, le corps se réchauffe, la transpiration devient facile, le pouls prend de l'ampleur et la respiration se fait largement ; la peau rougit et la circulation capillaire y devient active ; en un mot, la *réaction* se prononce.

181. Il y a donc, en quelque sorte, deux réactions : l'une, presque immédiate, succède à ce qu'on pourrait appeler la première surprise de l'organisme ; elle est rendue plus difficile par la faiblesse du sujet, par la température trop basse de l'eau, par l'absence de mouvements musculaires du baigneur. La seconde réaction, réaction définitive et durable, est d'autant plus lente à se prononcer et d'autant moins complète que le bain a duré plus longtemps, et que la première réaction a eu elle-même plus de peine à s'établir.

Pour remplir leur but hygiénique de donner du ton à la peau, de diminuer la fatigue des expansions nerveuses qui président à la sensibilité générale, de fortifier le système musculaire, les bains froids doivent être de courte durée et s'accompagner d'un exercice musculaire ; celui de la natation est assurément le meilleur.

182. Au moment d'entrer dans l'eau froide, il est bon d'avoir chaud ; la réaction finale sera rendue par là plus facile pourvu que le bain dure peu. Mais il faut en même temps *n'être pas fatigué* ; aussi regardons-nous comme excellente la pratique des anciens, qui faisaient ordinairement précéder l'immersion dans l'eau froide d'un bain tiède destiné à effacer l'impression de lassitude et d'éréthisme produite par les ardeurs d'un climat énervant.

183. Les *bains russes* et les *bains mores* sont des bains froids ou très-froids dans lesquels on réunit toutes les conditions qui concourent à rendre certaine et énergique la réaction finale. Ces conditions sont : échauffement préalable du corps par le passage dans une étuve humide ; — action peu prolongée de l'eau très-froide, donnée non plus sous forme de bain, mais sous forme de pluie ; — rappel de la chaleur par le retour à l'étuve, par le massage et par des frictions.

On trouve dans l'usage de ces bains un remède vraiment merveilleux contre les courbatures qui suivent les fatigues excessives ; ils laissent, en outre, un sentiment très-prononcé de force, de bien-être, de souplesse musculaire et cutanée. Leur usage tend, depuis quelques années, à se répandre chez nous ; mais ils sont loin d'être à la portée des artisans, auxquels ils seraient plus particulièrement utiles.

184. Les bains d'étuve sèche et les bains de vapeur ne sont employés que comme modificateurs thérapeu-

tiques. Il en est de même des bains minéralisés, parmi lesquels il convient de comprendre les bains de mer, bien que ces derniers puissent être très-heureusement employés dans un but purement hygiénique.

185. En résumé, les bains chauds sont des moyens thérapeutiques qu'il est bon de remplacer, toutes les fois qu'on peut le faire, par des modificateurs moins dangereux. Les bains tièdes de peu de durée sont avantageux pour entretenir la propreté et la liberté fonctionnelle de la peau ; prolongés, ils deviennent des agents thérapeutiques utiles contre l'éréthisme nerveux et la fatigue musculaire. Les bains froids, quand ils sont bien supportés et qu'on en use dans une mesure convenable, modifient puissamment la nutrition et les aptitudes fonctionnelles des organes de la locomotion. Enfin, les bains russes ou orientaux réunissent les mérites du bain tiède et du bain froid, et ont sur eux l'avantage considérable de pouvoir être employés par une foule de sujets qui ne supportent que très-difficilement ou même ne supportent pas du tout ces derniers.

186. Personne ne doit prendre les bains pendant la première digestion. Il faut, après avoir pris des aliments, demeurer de deux heures et demie à quatre heures avant de se mettre à l'eau ; la non-observation de cette précaution cause la mort d'un assez grand nombre de baigneurs.

187. Les bains généraux doivent être interdits, quelle qu'en soit la température, aux sujets atteints de maladies du cœur ou des poumons.

Les sujets atteints de certaines maladies chroniques

de la peau, d'hémorrhoïdes, les goutteux, les gens d'une susceptibilité nerveuse excessive, les gens âgés, les femmes pendant l'écoulement menstruel, les convalescents, feront bien de s'abstenir des bains froids.

Quelques-uns cependant, notamment les goutteux, les individus très-nerveux et quelques hémorrhoïdaires, se trouvent bien de l'usage des bains russes.

COSMÉTIQUES.

188. On comprend sous ce nom les diverses préparations qui s'appliquent sur la peau ou sur ses dépendances, cheveux, ongles, poils, dans le but de la nettoyer, de lui conserver ou de lui rendre sa souplesse, ou simplement d'en masquer les défauts.

Les cosmétiques employés, soit en lotions, soit en onctions, pour débarrasser la peau des produits épaissis des excrétions dont elle est le siége et pour lui conserver sa souplesse, sont surtout des préparations légèrement alcalines, des huiles fixes et des matières grasses solides, l'alcool et les huiles essentielles.

189. Les alcalis sont employés presque exclusivement sous forme de *savons*. Ceux-ci sont constitués par la combinaison des acides gras provenant de l'axonge, de la graisse de bœuf, de l'huile d'amandes douces, de l'huile d'olive, etc., à de la soude. On les aromatise ensuite diversement avec des huiles essentielles ou des principes balsamiques. Pour augmenter l'onctuosité des savons de toilette, on fait encore entrer dans leur com-

position divers mucilages, tels que les sucs de guimauve, de laitue, de concombre, de bulbe de lis, le mucilage qu'abandonnent les amandes traitées pour en obtenir l'huile, etc.

190. L'*huile d'amandes douces* et *l'huile d'olive* aromatisées avec des huiles essentielles, fort employées autrefois en frictions sur la peau, ne le sont plus guère aujourd'hui que pour parfumer les cheveux. Dans la toilette de la peau, on leur substitue des corps gras plus consistants. Parmi ces derniers, on fait surtout usage du *cold-cream* (1).

191. Les *huiles essentielles* et les *baumes-résines* sont employés en dissolution dans l'alcool. Ils servent, sous cette forme, à aromatiser l'eau destinée aux lotions, et lui communiquent des propriétés médicamenteuses généralement avantageuses. Les préparations de ce genre les plus justement en faveur sont l'*eau de Cologne* (2) et le *lait virginal* (3).

(1) Huile d'amandes douces. 150   Eau de roses............ 30
    Blanc de baleine 35   Eau de Cologne... 8
    Cire blanche........... 15   Teinture de benjoin....... 1

Faites liquéfier au bain-marie la cire et le blanc de baleine dans l'huile, versez dans un mortier échauffé par l'eau bouillante, battez vivement, puis ajoutez peu à peu le mélange aromatique.

(2) Huile volatile de citron... 30   Huile volatile de lavande. 45
    —   de bergamotte 90   —   de cannelle. 25
    —   de cédrats.... 90   Alcool à 86° C......... 12 000
    —   de romarin... 45   Alcoolat de mélisse comp. 1 500
    —   de néroli..... 45   —   de romarin..... 1 000

Mélez, laissez en contact pendant huit jours, et distillez les quatre cinquièmes du mélange.

(3)   Teinture de benjoin.......... ... 5
        Eau de roses. 500

192. Les *acides végétaux*, vinaigre et jus de citron, servent fréquemment à aromatiser l'eau destinée aux lotions. Ce sont des cosmétiques généralement médiocres, bien qu'on ne les livre guère à la consommation qu'additionnés d'alcool tenant en dissolution des huiles essentielles.

193. Les corps gras étaient les cosmétiques les plus employés chez les anciens, qui ne se livraient à des exercices violents ou n'affrontaient de grandes fatigues qu'après s'être soumis à des onctions huileuses pratiquées sur tout le corps. L'usage des onctions grasses subsiste encore chez les peuplades sauvages de la zone torride et parmi les populations de l'extrême Nord ; mais, chose regrettable, il s'est complétement perdu chez nous, sans doute en raison de son incompatibilité avec notre genre de vie et avec notre manière de nous vêtir.

En diminuant la quantité des exhalations qui se font par la peau, un enduit gras protége les tissus contre le desséchement qui pourrait résulter des déperditions trop considérables de liquides, et les maintient par là dans des conditions favorables à l'exercice normal de leur activité ; à ce titre, elles seraient utiles par les temps secs, chauds ou froids. Cet effet se combine certainement avec l'influence, encore inconnue dans son mécanisme et non suffisamment déterminée dans ses effets, qu'exercent les onctions huileuses sur les phénomènes respiratoires dont la peau est le siége. D'autre part, un enduit qui conduit mal la chaleur aide l'organisme à conserver sa température propre dans des milieux plus froids ou plus chauds que lui, et peut ainsi concourir à le garantir contre les effets des variations de température du milieu environnant.

Quelque difficile qu'il soit de se faire, d'après ces interprétations, une idée un peu nette du rôle général des onctions huileuses, leur utilité paraît incontestable. Enfin on a cru remarquer qu'elles mettaient jusqu'à un certain point à l'abri de certains empoisonnements miasmatiques.

194. Les pommades et savons peuvent servir d'excipients à un grand nombre de principes médicamenteux que nous n'avons pas à énumérer ici. Toutefois le tannin et le quinquina méritent une mention spéciale, en raison des bons résultats que les sujets à peau molle et trop impressionnable retirent de leur usage habituel, et parce qu'ils sont la base de pommades utiles, dans quelques cas, pour ralentir la chute des cheveux.

195. Il n'est pas indifférent d'avoir recours, pour la chevelure, à l'une quelconque des formes de cosmétiques qui viennent d'être énumérées.

Certaines personnes qui transpirent peu de la tête et dont les cheveux sont secs, pourront se bien trouver de l'emploi des huiles et des pommades. Mais les sujets dont les cheveux sont ordinairement gras n'en obtiendraient que de très-mauvais résultats ; ils devront leur substituer les lotions avec un liquide aromatique rendu légèrement alcalin.

196. Les *dentifrices*, destinés à conserver aux dents leur blancheur, à empêcher le tartre de s'accumuler à leur base et à conserver aux gencives leur fermeté, se trouvent dans le commerce sous forme de poudres,

d'opiats et de liqueurs. Les dentifrices acides, liquides ou solides, doivent être proscrits.

Les poudres dentifrices ont ordinairement pour base la poudre de corail, de pierre ponce, ou des substances minérales qui agissent chimiquement; elles ne blanchissent généralement les dents qu'à la condition d'en user l'émail. La meilleure poudre dentifrice qui ait été conseillée, mais qu'on emploie peu à cause de sa couleur noire, est formée par un mélange à parties égales de poudre de quinquina gris et de charbon végétal, mélange qu'on aromatise avec quelques gouttes d'une huile essentielle. Lorsqu'on fait usage de cette poudre, il ne faut pas se contenter de promener la brosse sur les dents, mais agir aussi sur les gencives.

Les opiats ne diffèrent des poudres que par l'addition d'un peu de miel destiné à leur donner la consistance voulue.

197. Il est impossible de parler des cosmétiques sans avoir à signaler les dangers des préparations de toute nature destinées à cacher la peau sous une fraîcheur d'emprunt.

Les matières colorantes blanches et rouges, d'origine végétale ou minérale, associées au talc, sont la base des fards qu'on trouve dans le commerce sous forme de poudres, de mixtures gommées et de pommades. Les rouges minéraux sont à base de mercure; les blancs sont à base de plomb, de zinc, de bismuth. De ces fards, les uns sont des poisons et agissent par absorption (cinabre, blancs de plomb et de zinc). Les autres (rouges végétaux, blancs au sous-nitrate de bismuth) sont incapables de produire des accidents généraux d'empoisonnement ; mais leur action locale répétée détruit la souplesse de la peau, la rend rugueuse, la flétrit, lui donne une teinte d'un jaune terne et favorise l'apparition de plusieurs maladies locales.

Le nitrate d'argent employé pour teindre les cheveux en noir a déterminé souvent des accidents graves. On emploie généralement aujourd'hui, dans ce but, des solutions inoffensives d'encre de Chine.

Les pâtes épilatoires sont des préparations arsenicales.

CHAPITRE VI

HYGIÈNE DES FONCTIONS DE RELATION.

198. Dans les fonctions de *nutrition* ou *végétatives*, la vie se manifeste surtout par des phénomènes de développement dont la *sensibilité inconsciente* règle, par mécanisme réflexe, les conditions physiques.

Dans les fonctions de relation, la vie est manifestée par des *mouvements*, dont les agents sont les muscles. Ceux-ci sont excités par les nerfs moteurs, dont l'activité est elle-même éveillée par la perception, consciente ou inconsciente, d'une *sensation*.

Le mécanisme de cette transformation des sensations en excitations motrices est aujourd'hui et sera probablement toujours insaisissable. Cependant la connaissance des *conditions dans lesquelles elle s'opère* est un des problèmes que doit se poser la science. C'est à résoudre ce problème que nous devons nous appliquer en vue d'entrer en possession des moyens par lesquels il est possible d'influencer les actes intermédiaires à la sensation et au mouvement.

199. On a vu que la destruction ou l'absence d'une partie plus ou moins considérable des centres nerveux

était toujours suivie de l'abolition de quelqu'un des rapports qui existent normalement entre la sensation et le mouvement. Il était dès lors naturel de localiser dans ces organes la faculté coordinatrice de ces deux ordres de phénomènes.

Les vivisections ont permis de pousser plus loin la localisation :

Lorsque la moelle épinière est coupée ou accidentellement détruite au-dessous du bulbe rachidien (voyez *fig*. 2, page 13), il y a, dans les parties soustraites à l'influence du cerveau, conservation des mouvements réflexes et par conséquent de la sensibilité. Mais la conscience des sensations dont ces parties sont le siége est abolie, et les mouvements volontaires y sont supprimés.

L'ablation directe du cerveau laisse encore subsister les mouvements réflexes et entraîne seulement l'abolition des mouvements volontaires.

Une double communication physiologique a donc lieu entre les extrémités centrales terminales des nerfs sensitifs et les origines, également centrales, des nerfs moteurs. Par la moelle épinière ont lieu les rapports qui assurent les mouvements réflexes; par le cerveau, ceux qui préparent et assurent les actes volontaires.

Le cerveau est par conséquent l'organe de la conscience et de l'intelligence.

I

AUTOMATISME ET VOLONTÉ. INTELLIGENCE ET INSTINCT.

200. Une autre voie est encore ouverte à l'étude : c'est l'examen comparatif des manifestations de l'animalité, suivies, depuis les êtres chez lesquels elles présentent le plus de simplicité, jusqu'aux animaux les plus parfaits, chez lesquels on peut les observer dans toute leur complexité.

Dans les espèces inférieures, il semble difficile d'admettre autre chose que des mouvements réflexes. La sensibilité, éveillée par des contacts, aboutit à des mouvements qui paraissent sans but, et dont la portée est déterminée uniquement par la configuration de l'animal. Ces mouvements *automatiques*, qu'on rencontre seuls dans les organismes inférieurs, se retrouvent avec les mêmes caractères dans toute la série animale. Nous avons indiqué d'une manière générale leur distribution et leur rôle chez l'homme, lorsqu'il a été question des phénomènes de sensibilité et de motricité inconscientes.

En parlant d'*automatisme*, nous ne prétendons pas, comme on l'a souvent fait, comparer l'automatisme animal à celui d'une poupée de bois ou de fer. Nous prenons la machine animale telle qu'elle est, avec ses tissus et leurs propriétés. Elle ne renferme pas des ressorts qu'on puisse tendre avec une clef pour la faire agir ; en revanche, du sang la nourrit, des nerfs sensitifs et moteurs et des muscles la mettent en mouvement. La machine étant ainsi définie, tout phénomène réflexe est évidemment automatique.

201. A un degré plus élevé de l'échelle, on voit les mouvements s'associer pour accomplir des actes qui annoncent une tendance vers un but déterminé : ce sont les mouvements volontaires.

202. Mais lorsque de l'observation pure et simple de ces mouvements volontaires on passe à l'examen du but vers lequel ils tendent, pour tâcher de juger de leur cause par leur effet d'ensemble, on voit qu'ils présentent, à ce nouveau point de vue, des différences notables.

L'animal qui se déplace pour se rapprocher d'une proie vue ou sentie a évidemment conscience du but prochain vers lequel il tend; son déplacement est *raisonné*.

Dans d'autres circonstances, le même animal se livre à des opérations extrêmement compliquées; il accomplit, *sans aucune éducation*, un travail long, difficile, *et dont il ne saurait prévoir l'utilité*. Il est clair que, dans ces cas, il agit en vertu de l'impulsion innée, non raisonnée, qu'on appelle l'*instinct*. La construction de l'abri du castor, des nids de l'oiseau et de l'abeille, sont des actes instinctifs.

203. « Tout, dans l'*instinct*, dit M. Flourens résumant les vues de F. Cuvier, est aveugle, nécessaire et invariable; tout, dans l'*intelligence*, est électif, conditionnel et modifiable.

« Le castor qui se bâtit une cabane, l'oiseau qui se construit un nid, n'agissent que par instinct. Le chien, le cheval, qui apprennent jusqu'à la signification de plusieurs de nos mots et qui nous obéissent, font cela par intelligence.

« Tout, dans l'*instinct*, est inné : le castor bâtit sans l'avoir appris ; tout y est fatal : le castor bâtit, maîtrisé par une force constante et irrésistible.

« Tout, dans l'*intelligence*, résulte de l'expérience et de l'instruction : le chien n'obéit que parce qu'il l'a appris ; tout y est libre : le chien n'obéit que parce qu'il le veut.

« Enfin, tout, dans l'*instinct*, est particulier : cette industrie si admirable que le castor met à bâtir sa cabane, il ne peut l'employer qu'à bâtir sa cabane ; et tout, dans l'*intelligence*, est général : car cette même flexibilité d'attention et de conception que le chien met à obéir, il pourrait s'en servir pour faire toute autre chose. »

Toutefois, on ne peut refuser d'admettre que les actes instinctifs représentent des faits complexes à l'accomplissement desquels concourent une série d'actes élémentaires dont l'animal peut raisonner le but prochain ; le but de leur association lui est certainement inconnu, mais lui est seul inconnu.

Si donc l'observation immédiate des manifestations de l'animalité ne permet d'y reconnaître que deux sortes de mouvements, les mouvements réflexes et les mouvements volontaires, la prise en considération du résultat final d'une série de mouvements volontaires établit la nécessité d'en rapporter l'accomplissement à deux facultés distinctes : l'*intelligence* et l'*instinct*.

204. On a pu, par l'examen des actes raisonnés, arri-

ver à apprécier assez exactement le rôle de l'intelligence, la nature des matériaux qu'elle met en œuvre et sa manière d'opérer.

Il est bien plus difficile, sinon impossible, d'apprécier les conditions physiologiques dans lesquelles s'accomplissent les actes instinctifs.

Les appétits, les penchants, les passions, sont généralement regardés comme des phénomènes instinctifs. Il est évident que ces conditions sont liées à des états particuliers de la sensibilité organique dans lesquels certains ordres de sensations sont une source de *plaisir*; mais on ne peut aujourd'hui déclarer identiques dans leur mécanisme les actions déterminées par l'impulsion passionnelle et la fabrication des nids des divers animaux : aussi est-il fort difficile de préciser ce que l'on doit entendre par le mot *instinct;* s'il faut rapporter à la faculté qu'il représente la tendance à rechercher le plaisir, ou s'il faut le considérer seulement comme le mobile des actes qu'on ne peut encore expliquer ni par une sensation actuelle, ni par une sensation qu'évoquerait la mémoire.

205. Une autre cause déterminante de mouvements d'ensemble vient encore s'ajouter aux deux qui précèdent : nous voulons parler de *l'habitude*. La notion de l'habitude vient-elle compliquer la question, ou y apporter, au contraire, quelque lumière ? — C'est ce que nous allons examiner.

Lorsque la volonté commande à notre main de saisir un objet, les doigts se fléchissent tous et le pouce s'oppose aux quatre derniers, sans que la volonté agisse spécialement sur chacune des contractions musculaires élémentaires qui concourent à ce mouvement d'ensemble. L'excitation volontaire produit donc la contraction simultanée de plusieurs muscles.

Il faut une grande attention pour éviter l'association de quelques-uns de ces mouvements ; pour éviter, par exemple, d'opposer le pouce aux autres doigts quand on fléchit ceux-ci. Les personnes qui étudient le piano savent combien il est plus difficile encore de fléchir certains doigts indépendamment des autres, et combien il est nécessaire de s'exercer pour arriver à le faire facilement.

Les excitations motrices portent donc, vers leur sortie du centre nerveux, non pas sur le nerf moteur d'un muscle en particulier, mais sur un *centre de mouvements associés*. La partie du centre nerveux qui est en rapport avec les origines des filets moteurs peut donc se décomposer, sinon anatomiquement, du moins physiologiquement, en un certain nombre de *centres moteurs*.

De même que l'exercice peut restreindre la tendance à l'association de certains mouvements, il peut amener, par la force de l'habitude, une extension plus grande de quelques mouvements associés. L'habitude devient donc, indépendamment de la volonté, indépendamment des conditions anatomiques primordiales, une cause d'association de mouvements.

206. Les anatomistes pensent que la décomposition physiologique de la portion du centre nerveux qui préside aux mouvements en un certain nombre de *territoires moteurs* est en rapport avec des conditions matérielles que nos moyens d'analyse permettront sans doute de déterminer un jour. Des conditions analogues

d'arrangement des éléments nerveux seraient-elles en rapport avec les manifestations de la motilité innées ou acquises qui s'éloignent du type commun ? — C'est une hypothèse à laquelle donneraient quelque poids les observations d'hérédité de quelques *habitudes* qui, développées par l'éducation chez des sujets, deviennent spontanées ou *instinctives* pour leurs descendants.

207. Mais l'influence de l'habitude peut s'exercer sur des mouvements beaucoup plus compliqués, et arriver à rendre inutile l'intervention de l'intelligence dans l'accomplissement d'actes qui, avant d'être devenus habituels, exigeaient nécessairement le concours d'une série de raisonnements.

« Il semble que, par *l'habitude*, il s'établisse entre nos organes, d'une part, et nos penchants, nos besoins, nos appétits, nos idées, d'autre part, une dépendance immédiate, et telle que l'intermédiaire de notre esprit devienne inutile. « Or, dit F. Cuvier, supposé que « cette dépendance existât naturellement, les phéno- « mènes de *l'instinct* seraient expliqués. » La nature aurait établi primitivement *entre nos organes et nos besoins*, cette même relation qu'établit plus tard *l'habitude.* » (Flourens, *loc. cit.*)

« Ces deux ordres de phénomènes, ajoute F. Cuvier, pourraient tellement se confondre, qu'on ferait en quelque sorte de l'instinct avec de l'habitude : Une personne qui se serait exercée, dès son enfance, à ramasser et à cacher tout ce qui lui reste de ses repas, finirait par le faire aussi machinalement et aussi inutilement que le chien domestique ; et la comparaison du tisserand et de l'araignée est bien plus exacte et plus juste qu'on n'a pu le penser. »

Les effets de l'instinct se rapprochent tellement de ceux de l'habitude qu'il est difficile de ne pas voir dans l'instinct une *habitude innée*, ou dans l'habitude un *instinct acquis*.

208. Lorsque l'on compare, au point de vue des opérations intellectuelles, l'homme et les animaux les plus élevés, on ne tarde pas à reconnaître qu'outre que les facultés de l'entendement qui leur sont communes sont plus développées chez l'homme, il est quelques aptitudes intellectuelles qu'il possède seul. L'homme a, de plus que les autres animaux, la faculté de concevoir des idées abstraites.

Enfin, l'homme a seul conscience de sa mort inévitable. Faisant ici de l'hygiène et non de la psychologie, nous constatons ce dernier fait sans nous occuper de distinguer entre la part qu'y ont les conditions du milieu social et celle qui revient au développement intellectuel.

Il s'en faut que cette supériorité soit un avantage sans compensations, et celui qui en serait privé verrait écartées de lui les causes d'un grand nombre de maladies. Heureusement des instincts viennent parer, jusqu'à un certain point, aux inconvénients qui pourraient résulter de la connaissance des imperfections de notre être physique et du mauvais usage de nos facultés intellectuelles.

Les octogénaires qui plantent ne sont pas ceux-là seulement qui ont des neveux. Certains de mourir un jour, nous vivons cependant comme si notre existence ne devait jamais avoir de fin. Cet *instinct de perpétuité* est le contre-poids nécessaire a la certitude que nous avons de ne devoir fournir qu'une carrière limitée;

c'est lui qui nous fait prendre par le travail possession
du milieu qui nous entoure ; c'est en lui que les sociétés,
comme les individus, trouvent leur principale garantie
de prospérité.

209. L'aptitude à concevoir les abstractions, à dégager certaines idées de toute forme sensible, ne saurait
s'exercer impunément sur toute espèce d'objets. Ses
écarts seraient fréquents sans *l'instinct religieux*, qui
supprime les problèmes insolubles en ramenant leur
objet du domaine de l'abstraction pure dans celui des
faits traditionnels ou révélés, et empêche souvent ainsi
la raison de s'égarer à la poursuite de notions inaccessibles.

210. Les auteurs qui ont accordé la raison à l'homme
et l'instinct seulement aux animaux, défendaient une
erreur qu'il n'est plus besoin de réfuter. Leurs contradicteurs, reconnaissant que les animaux raisonnent, ne
nous paraissent pas avoir insisté suffisamment sur la
condition qui complète l'analogie : si les animaux ne
sont pas dépourvus d'*intelligence*, l'homme a, comme
eux, des *instincts*.

Nous venons d'indiquer l'instinct de perpétuité et
l'instinct religieux qu'on pourrait être tenté de regarder
comme d'un ordre spécial ; mais la plupart des impulsions instinctives des animaux s'observent chez les
enfants ; et il est vraisemblable que lorsque ces aptitudes disparaissent avec l'âge, cela tient surtout au défaut d'exercice.

211. L'éducation a pour but d'assurer autant qu'il est
possible l'intégrité et le libre développement des facul-

tés de coordination qui doivent présider aux actes de la vie de relation.

Or on se convainc bien vite que les impulsions instinctives ne sont pas les mêmes chez les divers sujets. Les aptitudes intellectuelles sont dans le même cas : une culture bien entendue peut les amener à un degré déterminé de perfection, degré qu'on ne saurait dépasser, et qui varie d'un individu à un autre. Enfin l'éducation de l'entendement se fait par les sensations dont les instruments physiques présentent eux-mêmes des différences notables. Si l'on tient compte de la diversité infinie des types qui résultent de l'association de ces trois éléments si variables : *sensibilité, instinct, intelligence*, on reconnaîtra sans peine que l'individualité morale doit n'être pas moins tranchée que l'individualité physique, et que l'éducation de chaque sujet comporte des indications spéciales.

212. Il n'y a donc pas lieu d'essayer ici l'esquisse d'un traité d'éducation. Cependant il est un certain nombre de données générales, d'indications communes, qu'on ne doit jamais perdre de vue et que nous rappellerons sommairement.

La netteté plus ou moins grande des *sensations* est liée de la manière la plus évidente à des conditions matérielles d'organisation. L'examen des caractères généraux des tempéraments établit, en outre, que beaucoup d'*instincts* ne sont pas dans une dépendance moins étroite de la constitution physique. Enfin la coïncidence constante de certains désordres de l'entendement et de vices de conformation de l'encéphale montre que l'*intelligence* est soumise aux mêmes conditions. Le médecin qui suit l'éducation d'un sujet doit donc s'attacher à saisir les relations qui existent entre le physique de ce sujet et les anomalies morales qu'il peut présenter. Des conseils éclairés permettront quelquefois de tirer un heureux parti de l'influence qu'exercent les unes sur les autres des fonctions d'ordre différent, et de réaliser dans la limite du possible le *mens sana in corpore sano.*

213. L'habitude peut, jusqu'à un certain point, atténuer l'influence des instincts primitifs en ajoutant à ceux-ci un certain nombre d'instincts acquis. L'éducation a donc dans l'habitude un moyen d'action sur l'instinct, indépendamment des ressources qu'offre l'exercice pour perfectionner les sensations, et, par suite, le jugement.

214. Quant à l'influence de la raison sur les passions, elle ne peut être que dirigeante. La satisfaction de chacun de nos besoins étant une source de plaisir, on est arrivé à multiplier considérablement ces besoins en vue des jouissances attachées à leur satisfaction. L'instinct nous poussant, d'autre part, à rechercher tout ce qui peut être une occasion de plaisir, la raison nous préserve de l'abus en nous fournissant la notion des inconvénients qui y sont attachés. L'intelligence fait ainsi contre-poids aux tendances instinctives trop prononcées; elle nous apprend que l'abus d'une jouissance est une source d'incommodités, que la fréquente répétition d'une sensation la rend moins vive et conduit à la satiété.

215. Mais cette pénalité naturelle ne suffit pas toujours, et l'éducation se trouve quelquefois dans la né-

cessité d'y ajouter des châtiments qui s'adressent plus immédiatement à la raison. Un chien, par exemple, sent une côtelette sur la table de son maître; il est très-disposé à s'en emparer. Mais il se rappelle d'avoir reçu une correction un jour qu'il avait donné satisfaction à son penchant. Dès lors il met en balance le plaisir que lui causerait la côtelette, la peine qu'il ressentirait des coups, peut-être la crainte de déplaire à un maître pour lequel il a une affection instinctive ou d'habitude, et il s'abstient.

Dans cet exemple, la pénalité n'a déjà plus seulement pour but de réprimer un instinct qui pourrait devenir nuisible à celui qui le manifeste. Outre la crainte de la satiété et de l'abus, qui, bien comprise, conduit l'individu à l'exacte observation de ses devoirs envers lui-même, les êtres qui vivent en société, hommes, enfants, animaux domestiques, ont des devoirs sociaux dont la loi de réciprocité donne la formule naturelle.

On cherche à faire comprendre aux hommes quelles obligations leur créent les conditions du milieu social. Mais, quand l'éducation n'y parvient pas, la société se trouve dans la nécessité de procéder, à leur égard, comme on procède à l'égard des animaux chez lesquels la notion de ces obligations n'existe pas à un degré suffisant pour les rendre sociables.

216. De même que les autres aptitudes fonctionnelles de la vie de relation, les facultés intellectuelles ne se développent convenablement qu'à la condition d'un repos fréquent. Chez les jeunes sujets, leur exercice réclame de grands ménagements; et celui qui s'adonne à l'édu-

cation doit s'appliquer à ne fatiguer ni l'attention ni la mémoire de ses élèves.

Les diverses notions doivent, autant que possible, être présentées aux jeunes intelligences dans l'ordre le plus propre à leur faciliter les comparaisons, et à exercer ainsi le jugement.

217. L'*imagination*, c'est-à-dire le pouvoir de créer des idées qui n'ont que des rapports indirects avec les sensations perçues, deviendrait une faculté nuisible, si on la sollicitait à agir avant qu'un certain degré d'éducation de l'entendement ait été obtenu par les sensations et par l'habitude des comparaisons.

La stimulation prématurée de l'imagination met obstacle au développement de l'intelligence, et fait les gens superstitieux. C'est là un danger qu'on perd trop souvent de vue, lorsqu'on a recours au surnaturel pour satisfaire la curiosité qu'éveillent chez l'enfant tous les phénomènes dont il est témoin.

Beaucoup de gens paraissent croire que la rectitude du jugement et l'imagination sont choses qui s'excluent, et cette manière de voir semble généralement partagée par les artistes. L'exemple de Léonard de Vinci et celui de Michel-Ange, pour ne citer que des noms consacrés par le temps, établissent suffisamment que la culture de l'intelligence ne porte aucune atteinte aux droits de l'imagination.

218. L'absence de variété dans le travail circonscrit le champ des idées et la portée de l'intelligence, et cela d'autant plus que l'occupation habituelle exerce moins le jugement. La variété dans le travail est, en

outre, le meilleur moyen d'éviter la fatigue, et, à ce titre, elle doit être toujours recommandée.

219. Il est des conditions organiques qui contre-indiquent les travaux intellectuels. On ne doit jamais s'y livrer après le repas, sous peine d'amener dans la nutrition un trouble qui retentit bientôt, à son tour, sur les fonctions du centre nerveux. La même précaution doit être observée pendant la convalescence des maladies; certains jeux de cartes sont alors une précieuse ressource qui permet d'occuper l'attention, tout en laissant reposer le jugement.

Enfin il est nécessaire de faire alterner le travail intellectuel avec l'exercice physique.

II

SENSATIONS.

220. Les sensations qui reconnaissent une origine extérieure, et qui concourent à former le jugement, seront seules examinées ici. Les sensations internes, telles que la faim, la soif, la fatigue, le besoin de la miction ou de la défécation, l'appétit vénérien et les diverses tendances instinctives comprises sous la dénomination générale de passions, reconnaissent pour point de départ un besoin organique portant en lui-même l'indication de la satisfaction hygiénique qu'il réclame.

221. DU TOUCHER. — Le contact de la surface de la

peau, et plus particulièrement de la face palmaire des mains avec les objets, fait apprécier leur forme, la nature de leur surface, leur consistance et leur température.

On s'est demandé si la notion de la *consistance* et du *poids* ne relevait pas d'un autre mode de sensibilité que la notion de simple contact, et s'il n'était pas convenable d'admettre l'existence distincte d'un *sens musculaire*; si la notion de la *température* n'était pas plutôt en rapport avec un mode spécial de sensibilité qu'avec la *sensibilité générale* ou *sensibilité à la douleur*. Ces questions sont aujourd'hui résolues par l'affirmative. La sensibilité à la douleur, confondue par la plupart des hygiénistes avec la sensibilité tactile, doit être regardée comme en étant distincte; car il est des états morbides dans lesquels elle disparaît, tandis que la sensibilité tactile est conservée.

222. Pour que le toucher s'exerce convenablement, deux conditions doivent être remplies : 1° l'intégrité des nerfs qui président à la sensibilité tactile; 2° un état physique de la peau tel, que les contacts s'effectuent dans des conditions qui leur permettent d'agir sur l'épanouissement de ces nerfs, et d'agir sur eux seulement.

La couche épidermique de la peau doit être assez épaisse pour que les contacts ne provoquent pas trop facilement des sensations douloureuses, capables d'obscurcir les sensations tactiles, et pour apporter un obstacle suffisant au dessèchement des extrémités nerveuses, qui doivent conserver un certain degré d'humidité.

Une couche épidermique un peu épaisse rend, au

contraire, plus obscurs tous les modes de sensibilité que provoquent les contacts, en augmentant l'épaisseur des parties qui séparent le point touché des expansions nerveuses sensitives. C'est en produisant cet épaississement de la couche épidermique, et émoussant en même temps la sensibilité par des sollicitations fortes et répétées, que le travail manuel diminue la délicatesse du toucher. Le repos des mains, les lotions fréquentes avec des liquides ni trop acides ni alcalins et l'usage des gants contribuent, au contraire, à donner au toucher une plus grande délicatesse.

L'habitude peut beaucoup pour l'éducation du toucher; elle arrive à donner aux sensations tactiles fréquemment éprouvées une netteté extrêmement remarquable.

223. Du goût. — Le contact des substances alimentaires ou autres avec la face supérieure de la langue, avec certaines parties de la voûte et du voile du palais, et avec quelques points de l'origine du pharynx, nous donne les sensations gustatives, ayant surtout pour objet de nous faire apprécier les qualités sapides qui serviront à choisir certaines substances et à en rejeter d'autres, — nous poussant, en outre, par l'attrait de sensations agréables, à varier notre alimentation.

Le sens du goût ne se rattache guère aux fonctions de la vie de relation qu'en raison de la conscience nette que nous avons de ses perceptions.

224. Les sensations gustatives sont rapportées le plus souvent au seul contact des aliments avec quelques points de la cavité buccale.

Quelquefois, cependant, l'odorat est affecté en même

temps que le goût, et contribue ainsi à donner une sensation plus complète. D'autres fois, enfin, il semble qu'il y ait production d'une sensation mixte, capable de faire apprécier des qualités que ne révéleraient ni le goût ni l'odorat employés seuls. C'est à cette sensation mixte qu'il faudrait rapporter l'appréciation du bouquet des vins, de l'arome des fromages, etc.

La seule précaution hygiénique à recommander à ceux qui désirent conserver intacte la sensibilité gustative est de ne pas l'émousser par l'abus des condiments, qui agissent fortement sur elle, des épices, des liqueurs alcooliques, du tabac à fumer.

Quant à l'état d'intégrité plus ou moins grande des organes qui concourent à la gustation, il est surtout sous la dépendance des actes de la vie de nutrition. C'est ainsi que la faim rend plus agréables les sensations gustatives, que l'inappétence qui accompagne les maladies fébriles enlève tout attrait à ces sensations, que certaines maladies chroniques amènent des perversions du goût, par suite desquelles on recherche des saveurs jugées détestables par l'homme en santé.

225. Le sens du goût est susceptible d'éducation, en ce sens que l'habitude peut donner un grand charme à des impressions gustatives qui avaient été d'abord pénibles. Cette éducation est plus facile lorsqu'on la tente chez un sujet assez avancé en âge pour attacher du prix à un tel ordre de sensations. Elle est, quoiqu'on ait prétendu le contraire, difficile chez les enfants, dont les répugnances instinctives sont ordinairement un avertissement de l'organisme, et devraient être respectées.

226. De l'odorat. — Les sensations olfactives sont

produites par le contact de particules matérielles volatiles avec la membrane muqueuse qui tapisse les fosses nasales.

La quantité de ces particules matérielles est excessivement minime, car les corps odorants perdent très-peu de leur poids. Mais la membrane muqueuse des fosses nasales est repliée sur elle-même, de façon à offrir au contact de l'air qui tient en suspension les principes odorants une étendue assez considérable. Elle est, d'ailleurs, très-fine et dans un continuel état de moiteur favorable à l'exercice de la fonction.

227. Les maladies qui changent l'état physique de cette membrane délicate compromettent toujours plus ou moins l'intégrité de l'olfaction. Le rhume de cerveau est dans ce cas; c'est encore ainsi que l'odorat est ordinairement émoussé chez les priseurs.

Les excitations trop fortes ou trop continues ont le même résultat, mais par un mécanisme différent : elles diminuent l'aptitude des nerfs qui perçoivent la sensation à être impressionnés par les odeurs.

Les gens qui séjournent dans une atmosphère odorante arrivent assez promptement à ne plus s'en apercevoir, bien qu'ils puissent reconnaître des odeurs autres que celle à laquelle ils sont habitués.

228. Le sens de l'odorat est surtout utile en faisant reconnaître certaines viciations de l'air, qu'il rend évidentes alors même que l'analyse chimique ne les ferait pas soupçonner. Chez les animaux, l'odorat est, plus que chez l'homme, un sens complémentaire du goût; il leur sert presque exclusivement à choisir les substances dont ils doivent faire leur nourriture.

Les odeurs, et plus particulièrement celles que dégagent les plantes fraîches, sont une cause de viciation de l'air dont il est difficile d'apprécier le rôle. Des douleurs de tête très-vives, des vertiges, des nausées et des vomissements ont été fréquemment observés chez des personnes qui conservaient des fleurs dans leur chambre à coucher, ou qui séjournaient dans des appartements fraîchement peints. On ne saurait actuellement faire la part qui revient, dans ces effets, aux impressions olfactives, et exclure l'influence que peut avoir l'absorption par les poumons d'un air plus ou moins modifié dans ses qualités.

En somme, le sens de l'odorat fait peu pour l'éducation ; il est bien plutôt en rapport avec les fonctions de la vie végétative. Comme le goût, il se distingue toutefois des sensations organiques par la netteté des impressions qu'il fournit.

229. DE LA VUE. — Par le sens de la vue, nous apprécions la forme, la couleur, les rapports de position, et même la distance absolue des objets.

La sensation visuelle est en rapport avec l'impressionnabilité spéciale du nerf optique, par la lumière qui émane directement des sources lumineuses ou que réfléchissent les objets.

La surface qui reçoit les impressions lumineuses est la *rétine* (6, *fig.* 10), épanouissement du *nerf optique* (7, *fig.* 10) qui transmet ces impressions au centre nerveux. La rétine s'étale sur le fond du globe de l'œil. Celui-ci reproduit exactement, sous la forme sphérique, les dispositions de la chambre noire.

Après avoir traversé la *cornée transparente* (2, *fig.* 10) et l'*ouverture pupillaire* (4, *fig.* 10), les rayons lumineux tombent sur une lentille bi-convexe, le *cristallin* (5, *fig.* 10), qui les fait converger et donner sur la rétine une image des objets.

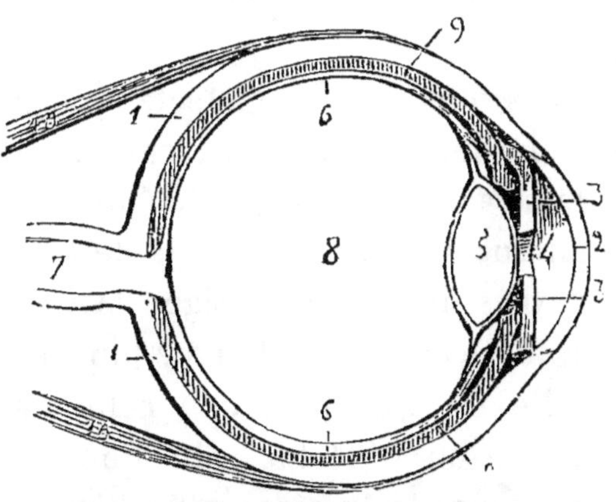

Fig. 10. — Coupe du globe de l'oeil.

L'enveloppe sphérique du globe de l'œil est formée par 1, la *sclérotique*, et complétée en avant par 2, la *cornée transparente*.

3, *iris*, diaphragme musculo-membraneux percé à son centre d'une ouverture 4, la *pupille*.

5, *Cristallin*. — 6, *rétine*, surface nerveuse formée par une sorte d'épanouissement du *nerf optique* 7. — 8, *corps vitré*. — 9, *choroïde*, couche vasculaire intermédiaire à la rétine et à la sclérotique.

Les espaces vides compris entre le cristallin et la cornée, d'une part, entre le cristallin et la surface rétinienne, d'autre part, sont remplis le premier par un liquide transparent appelé l'*humeur aqueuse*, le second par une masse gélatineuse dite *corps vitré* (8 *fig.* 10).

Le court foyer de la lentille cristallinienne fait que le champ de la vision nette est très-peu étendu. Il importait donc que l'axe de l'appareil visuel pût être dirigé à volonté sur un point donné. Ce but est atteint par le jeu d'un système de muscles qui, s'implantant d'une part aux parois osseuses de l'orbite, et de l'autre à la coque fibreuse qui sert de charpente au globe de l'œil, peuvent faire rouler celui-ci sur lui-même.

230. Les conditions qui se rattachent à l'état de repos ou de fatigue du nerf optique doivent seules nous occuper ici.

Il en est des sensations qui affectent ce nerf, c'est-à-dire des sensations lumineuses, comme de toutes les autres : leur activité trop grande ou trop fréquente amène la fatigue de l'organe chargé de les transmettre.

Ainsi, l'excès de lumière fatigue la vue. A intensité égale, la lumière artificielle fatigue plus que la lumière solaire ; celle du gaz, plus que celle de l'huile ; la lumière directe ou réfléchie, plus que la lumière diffuse. On a accusé la lumière réfléchie par la lune de compromettre la vue plus que toutes les autres ; mais les faits qu'on a cités à l'appui de cette opinion ne sont pas du tout probants ou du moins ont été trop complaisamment interprétés.

La fatigue que cause la lumière directe, réfléchie ou même diffuse, est en rapport non-seulement avec son intensité, mais avec sa *couleur*. Cette condition n'est vraisemblablement pas étrangère à la variété des effets que produisent sur la vision les différentes sources lumineuses. La lumière blanche fatigue le plus, puis la rouge. La lumière verte, et surtout la bleue, fatiguent peu.

Une autre cause d'épuisement de la faculté visuelle est dans son application à distinguer des objets qui ne sont pas suffisamment éclairés. Cette circonstance suffirait à expliquer les accidents qu'on a signalés chez des personnes qui lisaient à la clarté de la lune.

231. L'obscurité prolongée donne aux yeux sains une susceptibilité excessive qui les rend ensuite trop impressionnables à la lumière, et les prédispose à subir plus facilement les effets fâcheux d'une clarté un peu vive. Une demi-obscurité est, dans un certain nombre de maladies, une condition favorable. Elle atténue l'influence d'une source importante d'excitations du système nerveux central.

Il est, enfin, certaines positions du corps dans lesquelles l'application visuelle est particulièrement fatigante. La station verticale est la plus favorable ; la position renversée en arrière l'est infiniment moins. La lecture au lit, mauvaise habitude pour tout le monde, est à peu près impossible pour certaines personnes.

232. Le sens de la vue est assurément celui sur lequel l'éducation a le plus de prise. La contemplation habituelle des œuvres d'art amène l'œil à être charmé par certains rapports de forme et de couleur, tandis qu'il est choqué par certains autres. Il est facile de reconnaître, en étudiant les divers sujets, et surtout les artistes, que pour beaucoup cette éducation perfectionne le sentiment de la forme à l'exclusion de celui de la couleur, ou réciproquement. Il serait assurément fort curieux de rechercher à quelles conditions organiques, générales ou locales, répondent ces aptitudes diverses de la sensibilité.

233. La portée de la vue varie entre des limites très-étendues.

On dit des personnes qui ne voient bien que les objets rapprochés de leurs yeux qu'elles sont *myopes*. Celles qui ne distinguent bien que les objets éloignés sont *presbytes*.

La myopie, qui est presque toujours congénitale, est due à un excès de convexité des surfaces réfringentes de l'œil, le plus ordinairement de la cornée. Cet excès de convexité tend à diminuer avec l'âge; par suite, les conditions de la vision s'améliorent.

La presbyopie, en rapport avec la condition inverse, c'est-à-dire avec le défaut de convexité des surfaces réfringentes de l'œil, est, au contraire, rarement congénitale. Elle tend, comme l'état physique de l'œil avec lequel elle est en rapport, à augmenter avec les années.

Les effets de la myopie et de la presbyopie peuvent se corriger par l'emploi des lunettes. Les myopes prennent des verres concaves; les presbytes, des verres convexes. On doit cependant s'interdire l'usage des lunettes en dehors des moments où l'on ne saurait s'en priver sans fatiguer beaucoup la vue. Ceux qui ne quittent pas leurs lunettes perdent, en effet, le bénéfice de la tendance qu'a l'œil, comme tout autre organe, à s'accommoder aux conditions dans lesquelles peuvent s'exécuter ses fonctions. On a vu cette tendance à l'accommodation spontanée corriger les effets de la presbyopie, chez des sujets qui avaient su résister pendant quelques années à la tentation de prendre des lunettes.

234. DE L'OUIE. — Certains ébranlements communiqués à l'air, et, par son intermédiaire, aux ramifications du nerf qui préside à l'audition, nous donnent les impressions sonores.

La transmission des ébranlements sonores aux filets terminaux du nerf auditif se fait par l'intermédiaire de l'oreille. On décrit dans celle-ci trois parties : 1° l'oreille *externe*, sorte de cornet amenant, jusqu'à la *membrane du tympan* (7, *fig.* 11), les ondes sonores qui font entrer cette membrane en vibration ; — 2° l'oreille *moyenne* ou *caisse du tympan* (3, *fig.* 11), cul-de-sac terminal d'un canal qui s'ouvre dans les arrière-fosses nasales (voyez *fig.* 7, page 36) ; — 3° l'oreille *interne* ou *labyrinthe*, constituée par des canaux (4 et 5, *fig.* 11) remplis d'un liquide dans lequel baignent les filets du nerf auditif.

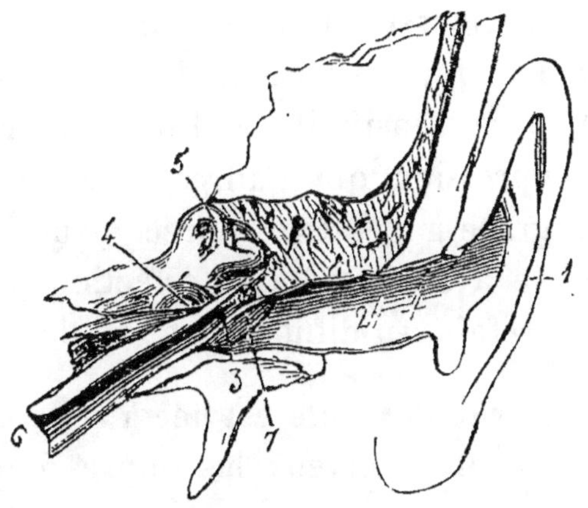

Fig. 11. — Coupe de l'Oreille.

Oreille externe. — 1, *pavillon* de l'oreille. — 2, *conduit auditif externe.*
Oreille moyenne. — 3, *caisse du tympan.*
Oreille interne ou *labyrinthe.* — 4, *limaçon.* — 5, *canaux semi-circulaires.*
— 6, *trompe d'Eustache.* — 7, *membrane du tympan.*

L'oreille moyenne, séparée de l'oreille externe par la membrane du tympan, est séparée de l'oreille interne par deux autres membranes tendues. La caisse du tympan renferme, de plus, un système d'osselets et de muscles qui, formant une chaîne étendue de la membrane du tympan à l'une des membranes qui bouchent les canaux de l'oreille interne, transmettent à cette dernière, et, par son intermédiaire, au liquide du labyrinthe et au nerf auditif les oscillations vibratoires imprimées par les ondes sonores à la membrane du tympan.

235. Le sens de l'ouïe est assurément celui qui contribue le plus à l'éducation de l'homme ; mais il serait à peu près sans valeur à ce point de vue s'il n'était complété par la faculté d'émettre des sons articulés. Chez les sujets privés du sens de l'ouïe dès leurs jeunes années, la parole est inutile, et son apprentissage impossible. On a dû, chez ces malheureux, suppléer au langage et à la sensibilité auditive absents par des moyens d'expression qui s'adressent à la vue. Leur éducation, grâce à cette ressource, peut être aujourd'hui poussée à un degré de perfectionnement qu'on se serait autrefois cru difficilement en droit d'espérer.

236. L'intégrité de l'ouïe est liée à celle du nerf qui transmet au centre nerveux les impressions sonores, et à celle des parties qui reçoivent, pour les transmettre au nerf auditif ou acoustique, les vibrations de l'air.

Aux soins de propreté que réclame le conduit auditif, et à la précaution d'éloigner les causes d'ébranlement qui pourraient compromettre les aptitudes du nerf acoustique, se bornent nécessairement les préoccupations de l'hygiène.

237. Les sons trop intenses émoussent la sensibilité auditive et peuvent finir par la détruire. A intensité apparente égale, les sons aigus fatiguent plus que les sons graves.

Indépendamment de leur *intensité*, c'est-à-dire de

leur force, et de leur *ton*, c'est-à-dire de leur degré d'élévation, les sons agissent sur l'organisme par une qualité physique, le *timbre*, qu'il est difficile de définir, bien que tout le monde puisse parfaitement l'apprécier. Le timbre paraît être en rapport avec la nature intime, avec l'arrangement moléculaire des corps dont les vibrations fournissent le mouvement sonore. Les sujets nerveux sont impressionnés quelquefois très-vivement par les sons du violon ou de la flûte, plus vivement encore par ceux du violoncelle et du hautbois, tandis que la voix ou les instruments de cuivre leur donnent des sensations auditives qui n'ont pas le même retentissement sur tout l'organisme; ce genre d'action se rattache au timbre des instruments. L'ouverture d'une armoire qui joint mal, le grattage d'un mur avec un instrument de fer, produisent des sons que leur timbre rend très-pénibles à entendre.

238. Les sons intenses et ceux dont le timbre agit fortement sur la sensibilité organique doivent être évités aux personnes impressionnables.

Dans les circonstances qui rendent le repos nécessaire, dans les maladies fébriles, à la suite des grandes fatigues, toutes les fois qu'il importe de ne pas solliciter par des sensations l'activité du centre nerveux, le silence sera utile autant et plus que l'absence de la lumière.

239. A un âge avancé, en même temps que la vue baisse et que s'émousse la sensibilité tactile, la sensibilité auditive s'affaiblit; on dit alors que l'ouïe devient dure. On a imaginé, pour remédier en partie à cet affaiblissement, divers cornets acoustiques, véritables porte-voix renversés, qui sont généralement peu employés.

III

EXERCICE. OCCUPATIONS.

240. L'exercice physique exige le concours actif de deux propriétés physiologiques : la *contractilité musculaire* et le *pouvoir excitateur des nerfs moteurs*.

Mais cette activité fonctionnelle ne peut exister qu'à la condition d'une dépense de matière, d'un phénomène de décomposition chimique, donnant en quelque sorte, par son intensité, la mesure de la force dépensée dans la manifestation vitale.

L'exercice favorise donc le travail interstitiel de désassimilation. Sous son influence, le tissu musculaire, qui forme la majeure partie de la masse du corps, abandonne au sang une plus grande quantité des principes qui d'artériel le font veineux ; l'excrétion respiratoire devient par suite plus abondante ; la régénération du sang dans le poumon exige l'introduction dans cet organe d'une plus grande masse d'air ; l'activité plus grande de la respiration entraîne celle de la circulation.

241. Essayons de déduire de ces conditions faites à l'organisme par l'exercice physique les indications générales qu'elles fournissent.

L'activité des phénomènes de désassimilation entraîne une modification de la circulation : rendant nécessaire une respiration plus fréquente et plus large, elle fait les contractions du cœur plus fortes et plus rapprochées. Il en résulte tout d'abord qu'un exercice violent doit être absolument interdit aux personnes atteintes de maladies des poumons ou du cœur. La marche sur un terrain peu accidenté et la promenade en voiture leur seront seules conseillées.

242. Favorisant la désassimilation, l'exercice aide, par contre-coup, l'assimilation, et devient un moyen de stimuler une nutrition languissante, lorsque les pertes causées à l'économie par le travail chimique de dissolution qu'il provoque ne sont pas telles, que l'organisme ne puisse suffire à les réparer. L'exercice est donc éminemment utile aux sujets débiles; toutefois ils doivent n'en pas abuser, parce que leur débilité est d'ordinaire le signe d'une assimilation difficile, et qu'ils ne seraient pas toujours en état d'utiliser une alimentation suffisamment réparatrice.

243. Il est d'ailleurs une sensation organique, la fatigue, qui donne la mesure de l'exercice profitable et avertit qu'il convient de ne pas aller plus loin.

Ici, comme partout, nous retrouvons cependant l'influence de l'habitude; car, par une gradation ménagée, des sujets faibles en apparence peuvent être amenés à supporter, sans fatigue marquée, une somme de travail physique relativement considérable.

244. Lorsque l'exercice est pris en assez grande quantité pour que le mouvement désassimilateur l'emporte sur le mouvement nutritif réparateur, il devient une cause de débilitation.

L'appétit, augmenté par un exercice modéré, est diminué par l'exercice excessif, et ne permet pas d'ingérer impunément la somme d'aliments qui serait nécessaire pour assurer une nutrition suffisante. La contractilité musculaire est compromise ; les muscles perdent leur souplesse et deviennent douloureux ; enfin, la débilité produite par la grande fatigue, par des fatigues répétées ou par la privation de sommeil, a une physionomie propre et répond à des conditions organiques spéciales : c'est elle qui prédispose le plus sûrement à subir l'influence délétère des empoisonnements miasmatiques. Tout le monde sait quels ravages font les épizooties parmi les bestiaux surmenés.

En raison de l'activité qu'il peut imprimer à certaines fonctions languissantes, surtout à l'assimilation, l'exercice est donc une ressource hygiénique des plus importantes ; mais il doit être en rapport avec les forces du sujet, qui évitera la fatigue avec d'autant plus de soin qu'il est plus débile. L'exercice est encore utile en ce que, pris généralement au dehors, il procure à celui qui s'y livre la bienfaisante stimulation d'un air pur et de la lumière.

245. Examinons maintenant les conditions, organiques ou extérieures, qui doivent faire modifier le régime gymnastique.

Nous avons vu déjà que toutes les fois que les appareils respiratoire ou circulatoire sont dans un état qui exige des ménagements, les mouvements violents doivent être évités, bien qu'un exercice modéré puisse être alors prolongé sans inconvénient jusqu'à produire un commencement de fatigue.

246. Pendant la jeunesse, alors que le travail d'assimilation l'emporte sur la désassimilation, l'exercice est

une nécessité ; on doit en user largement. Outre qu'il favorise singulièrement le développement de l'appareil locomoteur, il établit des habitudes d'activité qui diminuent les chances de fatigue et sont une condition de force. Les appareils respiratoire et circulatoire eux-mêmes ne peuvent éprouver que de bons effets de la puissance d'action graduellement développée en eux. C'est alors surtout que conviennent la *course*, la *natation*, la *danse*, la *gymnastique*, l'*escrime* et l'*équitation*.

247. Les femmes, qui se trouvent généralement très-bien de l'équitation, ne doivent cependant s'y livrer qu'avec d'extrêmes précautions, en raison des lésions de l'appareil génital qui peuvent en être la conséquence, lorsque le ventre n'est pas bien soutenu ou que les organes abdominaux sont abaissés par un corset.

248. La *chasse* convient surtout aux hommes faits, pour lesquels l'exercice est une nécessité, et qui ont perdu la souplesse de la jeunesse. La chasse est encore pour l'homme de cabinet une puissante distraction rompant, d'une manière très-heureuse, la continuité d'occupations qui produisent une fatigue sans compensations physiologiques.

Il est un exercice qui offre les avantages de la chasse sans exiger autant de vigueur, et qui constitue une ressource hygiénique précieuse pour les convalescents et les femmes : c'est le *jeu de billard*. Le jeu du billard met en action tout le système musculaire sans le fatiguer ; sans exiger de l'esprit une grande application, il occupe cependant assez pour que les plus mauvais marcheurs fassent quelquefois, sans s'en apercevoir, beaucoup de chemin autour du tapis vert.

249. Quel que soit le genre d'exercice auquel on se livre, il importe d'éviter l'*effort*. Celui-ci a lieu toutes les fois qu'un mouvement est combiné de façon à produire un effet mécanique voisin de l'effet maximum qu'il est possible d'en attendre. L'effort tend à produire des hernies, des congestions et des hémorrhagies cérébrales, l'emphysème pulmonaire, la rupture des gros vaisseaux ou du cœur, et cela d'autant plus facilement qu'il est plus violent et tenté par des sujets prédisposés à ces accidents.

250. Dans les pays chauds ou pendant la saison d'été, alors que la vie chimique est naturellement fort active, l'exercice doit être pris très-modérément ; dans ces conditions, il est bien plus rapidement suivi de fatigue et de sueurs abondantes.

251. Nous avons vu qu'indépendamment de l'activité qu'il imprime à la nutrition, aux phénomènes de mutation de la matière, l'exercice a généralement le grand mérite de satisfaire à plusieurs autres indications hygiéniques. Ses avantages tiennent en grande partie à ce qu'il exige un changement de milieu et l'exposition au grand air et à la lumière ; enfin il est utile en concourant à donner aux occupations une variété éminemment favorable au maintien d'un équilibre fonctionnel, qui est la première condition de la santé. Il en résulte que la privation d'exercice, lorsqu'elle a lieu dans des conditions qui en font un véritable repos, chez des sujets pouvant d'ailleurs réunir autour d'eux tous les éléments du bien-être, présente moins d'inconvénients ; elle tend à modérer un mouvement, favorable il est vrai à l'entretien de l'*équilibre fonctionnel*,

mais dans lequel cependant *la vie s'use*. Ne tenant compte que de ce dernier terme de la question, des auteurs ont pu avancer que l'immobilité était une condition de longévité. Mais, pour qu'il en fût ainsi, il faudrait que l'immobilité fût toujours le *repos* ; or il s'en faut de beaucoup qu'il en soit ainsi ; les sujets qui dépensent dans le travail intellectuel les économies de leur système musculaire, ceux dont le système nerveux sensitif est sollicité vivement, les malades, enfin, peuvent être immobiles sans pour cela se reposer. Le repos absolu n'est possible qu'à la condition d'un équilibre fonctionnel parfait ; dans cet état, la *somme* de l'activité est abaissée sans que le *rhythme* en soit changé.

Est-il nécessaire d'ajouter maintenant que les cas dans lesquels la privation d'exercice peut être avantageuse sont excessivement rares, même parmi les personnes qui peuvent se faire l'existence la plus comfortable ? La moindre circonstance accidentelle, une indisposition légère, suffisent pour rompre un équilibre physiologique qui ne peut être rétabli que par l'exercice ou par des modificateurs agissant dans le même sens.

252. Le régime connu sous le nom d'*entraînement* doit être mentionné ici, bien qu'on l'emploie exclusivement à former des jockeys et des chevaux de course, parce qu'il pourrait rendre de très-grands services aux sujets affaiblis et à tous ceux chez lesquels un embonpoint prononcé est l'indice d'une nutrition languissante.

Le but qu'on poursuit dans la pratique de l'entraînement est de diminuer le poids du corps, en faisant porter surtout cette diminution sur la graisse et sur les liquides. On a recours, pour cela, à une alimentation animale, n'admettant que la viande de bœuf ou de mouton, une petite quantité de pain rassis, et supprimant les liqueurs alcooliques. En même temps, les sujets soumis à l'entraînement se livrent, avant chaque repas, durant trois ou quatre heures, à un exercice plus ou moins violent, marche forcée, course, équitation, gymnastique. A ces moyens, on ajoute de temps en temps l'emploi des purgatifs. Des frictions sont, en outre, faites sur tout le corps avant le coucher. Le lit doit être dur et le sommeil peu prolongé.

L'entraînement développe d'une manière remarquable la vigueur musculaire et le pouvoir de résistance à la fatigue.

253. Les professions ont une grande influence tant sur la somme d'activité physique que déploient les individus que sur la proportion dans laquelle le travail intellectuel s'allie chez eux à l'exercice musculaire. Il est difficile de préciser à ce point de vue l'action de chaque profession, en raison des influences variées auxquelles elles exposent, et des modifications nombreuses imprimées par des circonstances accessoires à toutes les habitudes.

Les professions sédentaires sont le plus souvent une cause d'exercice insuffisant; mais il faut noter que leurs inconvénients résultent moins du défaut d'exercice physique que de l'activité excessive du travail intellectuel ou des facultés affectives. L'état de santé, ou plutôt de malaise, dit *des gens de lettres*, qui s'observe communément chez les savants, chez les littérateurs, chez les spéculateurs, est déjà plus rare chez les artistes, et ne se retrouve plus chez les employés de toute sorte qui rentrent chaque jour dans leurs habitudes de la veille et fatiguent peu leur intelligence. Ces derniers subissent seulement l'influence du milieu dans lequel ils travaillent, ou des attitudes longtemps gardées qu'exigent leurs occupations. C'est ainsi que les employés dans les bureaux sont sujets aux congestions hémorrhoïdales, les conducteurs d'omnibus aux varices des membres inférieurs, etc.

254. Il est peu de professions manuelles qui exigent, à proprement parler, un exercice excessif. L'habitude, en effet, amène chez ceux qui les exercent une capacité très-grande de résistance à la fatigue. C'est donc moins de la somme du travail musculaire qu'il faut ici se préoccuper, que de la nature de cè travail et des conditions extérieures ou organiques dans lesquelles il s'exécute. Ainsi, tous les travaux qui condamnent à une position gênante sont particulièrement pénibles, et amènent avec le temps des déformations de l'appareil locomoteur. Ceux qui exigent des efforts considérables ou fréquents ont des inconvénients d'un autre genre, et sont la source des accidents variés qui sont la conséquence de l'*effort*. Le travail dans une atmosphère confinée, trop froide, trop chaude, exposée aux variations de température, tenant en suspension des matières organiques ou minérales, des poisons etc., produit des accidents indépendants de la nature de la dépense musculaire qu'il exige. Enfin, tel travail qui ne sera pas exagéré pour un adulte bien portant, et qui y est accoutumé produira tous les effets de la fatigue excessive chez un novice, chez un sujet qui n'a pas encore acquis un développement suffisant, chez un convalescent.

255. Voix et parole. — Il est enfin un mode d'activité,
l'exercice de la *voix*, que nous devons examiner ici
parce qu'il est le résultat d'actions musculaires volontaires, mais qui n'a, au point de vue qui nous occupe,
qu'une importance secondaire, en raison de son peu de
retentissement habituel sur l'état général de l'économie. La faculté d'articuler les sons, ou la *parole*, est une
aptitude qu'on peut regarder comme spéciale à
l'homme ; résultat de l'éducation qu'elle contribue à
son tour à perfectionner prodigieusement, elle constitue une fonction véritablement artificielle. Excitant
habituel du sens de l'ouïe, la parole ne peut s'apprendre que par les sensations auditives ; elle manque chez
les sourds de naissance.

256. L'organe qui chez les animaux sert à la production des sons est le larynx ; il est placé à la partie supérieure de la trachée, sur le trajet que parcourent l'air
qui va pénétrer dans les poumons et celui qui en sort.
Cet organe est un tube irrégulièrement cylindrique,
dont la cavité est plus ou moins rétrécie par deux lèvres
mobiles et contractiles qui entrent en vibration lorsque
l'air, chassé de la poitrine sous une pression un peu
forte, les trouve dans une disposition favorable. Le
larynx est donc un instrument à anches membraneuses,
dans lequel la consistance et l'écartement des anches
peuvent varier de manière à produire les différents
sons.

Ces anches mobiles, qu'on appelle les *cordes vocales*,
contiennent dans leur épaisseur un petit muscle dont
les alternatives de contraction et de relâchement changent leur longueur, leur consistance, et, par suite, la

grandeur de l'ouverture (*glotte*) qui les sépare et que traverse l'air. Les variations de forme et de section de la glotte sont rendues plus nombreuses encore par le mode d'insertion des cordes vocales, dont les extrémités se fixent aux parois cartilagineuses du larynx, parois sur lesquelles s'insèrent d'autres muscles, et qui jouissent d'une certaine mobilité.

La membrane muqueuse qui tapisse les voies bronchiques tapisse la surface intérieure du larynx, et enveloppe d'un repli chacune des cordes vocales. Des inflammations aiguës ou chroniques de cette membrane, la paralysie ou la fatigue des muscles phonateurs du larynx et de leurs nerfs, peuvent être la conséquence de cris violents ou d'efforts excessifs de chant et de déclamation.

257. Pour que les lèvres de la glotte (cordes vocales) vibrent et donnent un son, il faut que la glotte soit traversée par un courant d'air. Les poumons sont les soufflets qui, dans l'expiration, fournissent ce courant.

Lorsque l'expiration doit faire entrer en vibration les lèvres de la glotte, les muscles expirateurs et ceux du larynx agissent simultanément, les uns pour chasser l'air, les autres pour en modérer l'échappement. Cette double action, d'autant plus énergique que le son doit avoir plus d'intensité, a pour effet d'augmenter la pression de l'air dans les bronches et dans les vésicules pulmonaires. La dilatation des bronches et des vésicules pulmonaires et l'infiltration de l'air dans le tissu conjonctif du poumon peuvent en être la conséquence. L'augmentation de la pression du fluide élastique qui remplit les voies aériennes a encore pour effet d'apporter de la gêne dans la circulation du poumon.

Pour toutes ces raisons, les efforts de phonation doivent être interdits aux personnes atteintes de maladies du poumon ou du cœur, ou simplement prédisposées à ces affections.

258. Une fois produit par les vibrations des cordes vocales, le son est transmis au dehors, renforcé et modifié dans son timbre par le conduit vocal que concourent à former le pharynx, la bouche et les fosses nasales.

La *voix parlée* est due à la résonnance de ce conduit vocal et aux caractères qu'impriment à l'articulation des sons les mouvements de la langue et des lèvres. Le larynx donne le son avec sa force et son intonation ; c'est en traversant le pharynx et la bouche qu'il devient parole. On s'est assuré, en effet, que le concours de l'appareil laryngien n'est pas nécessaire pour parler bas.

Quand l'exercice de la déclamation est trop prolongé, la cavité buccale se dessèche ; les parties qui concourent à l'articulation des sons se fatiguent et perdent de leur mobilité ; la parole s'embarrasse.

259. L'étude de la phonation nous a conduit à la plupart des indications hygiéniques que comporte l'exercice de cette fonction : défendre les fatigues de la déclamation et du chant aux sujets à poitrine délicate ou prédisposés à des affections du cœur.

Outre qu'ils gênent la circulation pulmonaire en augmentant la pression de l'air contenu dans les voies aériennes, les efforts vocaux ont encore l'inconvénient de modifier souvent le rhythme de la respiration. L'éducation des orateurs, des artistes dramatiques et des chanteurs, les amène à atténuer autant que possible ce dernier inconvénient, et à faire coïncider les grandes expirations vocales avec les expirations respiratoires. Mais cette ressource est enlevée aux joueurs d'instruments à vent; chez eux, la dépense d'air expiré se fait trop lentement, par petites quantités et d'une manière saccadée : aussi le jeu des instruments à vent expose-t-il au plus haut degré aux accidents qui sont la conséquence des abus de la phonation, bien que, contrairement à l'opinion vulgaire, la plupart d'entre eux n'exigent qu'une dépense d'air très-modérée.

260. VEILLE ET SOMMEIL. — Les fonctions de la vie de nutrition non soumises à la volonté s'exécutent sans interruption ; la dépense organique peu variable qu'elles entraînent est alimentée par une réparation continue et sensiblement constante.

Il n'en est plus de même dans les organes actifs de la vie de relation : la dépense irrégulière de force mécanique qui assure l'accomplissement des fonctions animales suppose une usure chimique de leur trame, limitant la somme d'activité dont ils sont capables dans un temps donné.

Bien avant que cette limite soit atteinte, la sensation interne de la *fatigue* nous fait du *repos* ou du *sommeil* un besoin plus ou moins impérieux. L'immobilité repose le système musculaire et le système nerveux moteur ; le sommeil repose à la fois le système musculaire, le système nerveux moteur et le système sensitif. La périodicité du sommeil est réglée surtout par les exigences du système nerveux sensitif.

261. Le repos complet, dans lequel la conscience est abolie, toute sensation absente, toute activité apparente éteinte, est la très-rare exception. D'ordinaire, le sommeil est inégal : les organes les plus fatigués se reposent plus complétement ou plus longtemps que les autres. Il résulte de là et de l'immense variété des types de fatigue, que la physionomie du sommeil est extrêmement variable. Nous aurons plus tard, à l'occasion des phénomènes sur lesquels repose la prétendue doctrine du magnétisme animal, à examiner quelles sont les conditions physiologiques du sommeil incomplet, du sommeil avec rêves, du somnambulisme spontané ou provoqué.

262. Toutes les circonstances qui occasionnent une déperdition de force, de quelque nature que soit cette déperdition, qu'elle résulte d'une fatigue anormale ou d'un état maladif, rendent nécessaire un sommeil de longue durée.

L'influence de l'âge et du tempérament doit aussi être prise en considération relativement à la durée du sommeil.

Un sommeil prolongé est nécessaire aux enfants, aux jeunes gens, et aux sujets nerveux dont les pertes sont considérables ou ne sont que lentement réparées par une nutrition généralement peu active.

A mesure qu'on avance en âge, le besoin d'un long sommeil se fait moins sentir.

Les sujets sanguins se trouvent bien de dormir peu.

Enfin, certaines conditions idiosyncrasiques non encore définies nécessitent pour quelques individus une prolongation tout à fait exceptionnelle du sommeil, tandis que d'autres se contentent de dormir quatre ou cinq heures.

263. L'habitude a une influence très-marquée sur la durée du sommeil ; toutefois cette influence ne s'exerce impunément qu'entre des limites assez rapprochées, et il serait dangereux de vouloir tirer parti de l'habitude pour arriver à trop abréger le temps du repos au lit.

On a prétendu que les femmes dormaient généralement plus que les hommes, bien qu'elles semblent avoir moins à réparer.

Cette condition, qui doit sans doute être comptée parmi celles qui contribuent à leur assurer une plus grande longévité, est vraisemblablement le résultat de l'habitude. En effet, les exemples de femmes qui abrégent notablement la durée de leur sommeil sans en éprouver d'inconvénient marqué ne sont pas rares.

264. Un long sommeil est plus nécessaire dans les climats méridionaux que dans les pays froids. Dans les pays chauds, et pendant l'été des pays tempérés ou froids, l'habitude de la sieste est excellente.

Sans interrompre les fonctions de la vie organique, le sommeil en abaisse légèrement le rhythme ; la sieste diminue ainsi dans toutes les parties du corps l'usure des tissus, au moment de la journée où les circonstances extérieures tendent, au contraire, à imprimer à la vie chimique une activité excessive.

265. Une question fort intéressante, mais sur laquelle on ne possède encore que peu de données positives, est celle des rapports de la digestion avec le sommeil.

10.

Celui-ci est provoqué par les repas, et cela d'autant plus sûrement qu'ils sont plus copieux. On admet qu'une alimentation abondante prolonge la durée du sommeil, mais qu'elle le rend moins réparateur.

Quant à l'influence qu'exerce sur la digestion le sommeil pris en sortant de table, elle a été diversement appréciée. Il est constant qu'un exercice violent, immédiatement après le repas, a sur le travail de la digestion une influence fâcheuse. Mais conclure de là que le sommeil après le repas accélère la digestion, est assurément aller trop vite et trop loin.

266. Chez les vieillards, chez les adultes soumis à une grande tension d'esprit, chez beaucoup de malades, l'insomnie est chose fréquente. On ne doit pas combattre par les médicaments l'insomnie habituelle des gens à peu près bien portants. Un verre d'eau fraîche pris au moment de se mettre au lit est le meilleur des narcotiques innocents.

267. Pendant le sommeil, la respiration devrait se faire par les narines ; mais il arrive souvent qu'on respire par la bouche. Il en résulte un desséchement des parties qui rend leurs mouvements difficiles, et laisse un sentiment pénible de sécheresse à la gorge ; la langue se recouvre d'un enduit blanc ou jaunâtre. On atténue ces inconvénients, communs chez les personnes qui fument beaucoup ou qui prennent une trop grande quantité de boissons alcooliques, en se gargarisant le soir avec de l'eau aromatisée par une huile essentielle.

CHAPITRE VI

FONCTIONS DE REPRODUCTION

268. Les fonctions de nutrition et de relation assurent le développement et la conservation de l'individu; celles de reproduction ou de génération assurent la conservation de l'espèce.

Ces dernières participent de la vie organique et de la vie animale, sans que leur accomplissement paraisse d'une nécessité impérieuse pour l'individu. Elles n'apparaissent que tardivement et sont passagères, sans que, avant leur apparition ou après leur cessation, les phénomènes généraux des vies de nutrition et de relation offrent des caractères sensiblement différents de ceux qu'ils présentent durant la période d'activité des fonctions génitales.

269. Une loi anciennement formulée faisait sortir d'un œuf tout individu vivant, animal ou végétal. Depuis, des observations incomplètes avaient fait révoquer en doute la généralité de cette loi ; mais les exceptions qu'on a cru lui trouver tendent tous les jours à disparaître devant un examen plus attentif. On a reconnu, en effet, que même où d'autres modes de reproduction (par scission

ou bourgeonnement) sont possibles, ils constituent un phénomène accidentel; et que, dans tous les cas, la génération par ponte d'un œuf est la règle fondamentale.

FÉCONDATION.

270. Dans la reproduction ovogénique, le concours de deux éléments est nécessaire : un produit femelle, l'*œuf*, et un produit mâle, le *spermatozoïde*. Chacun des deux pris isolément est incapable de dépasser le degré de développement qui répond à sa maturité actuelle; c'est leur contact qui assure la fécondation de l'œuf, c'est-à-dire son aptitude à se développer de manière à former, par une évolution ultérieure, un individu semblable aux parents qui ont fourni l'œuf et le spermatozoïde.

271. Chez la femme, les *ovules* ou œufs non fécondés sont sécrétés par les *ovaires* (4, *fig.* 12), organes glanduleux situés dans le bassin, de chaque côté de l'*utérus* ou *matrice* (1, *fig.* 12). Les ovaires sont reliés à l'utérus par des ligaments disposés en éventail (6, *fig.* 12). De l'angle supérieur de la matrice part, de chaque côté, un canal étroit, la *trompe* (3, *fig.* 12), qui vient se terminer en face de l'ovaire correspondant par un *pavillon* assez largement ouvert (5, *fig.* 12).

Lorsque les *ovules* sont mûrs, les vésicules ovariques qui les renferment se rompent et laissent tomber leur contenu dans le pavillon de la trompe. On admet qu'un ovule tombe ainsi dans la trompe à chaque menstruation;

il chemine ensuite dans ce canal, et arrive dans l'utérus où il se détruit s'il n'est pas fécondé.

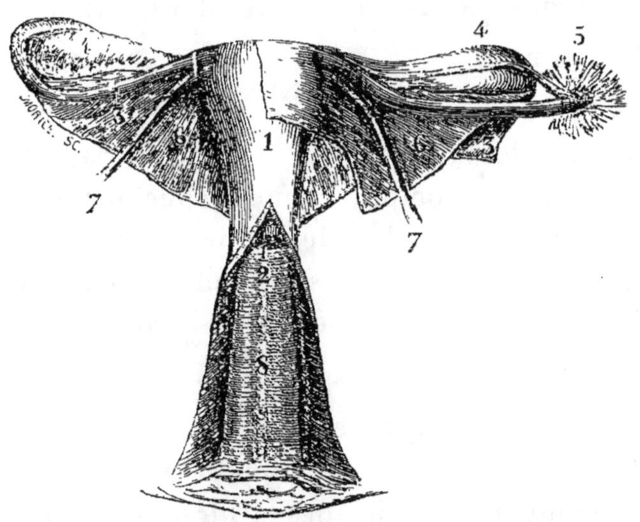

Fig. 12. — APPAREIL GÉNITAL DE LA FEMME.

1, *Utérus*, ayant à peu près la forme d'une bouteille renversée. — 2, *col de l'utérus*, et son orifice par où sont chassés, au moment de l'accouchement, le fœtus et ses annexes.

3. 3, *trompes*, venant s'ouvrir au fond de l'utérus et y amenant l'ovule. — 4. 4, *ovaires*. — 5, *pavillon* de la trompe. — 6. 6, *ligaments larges*, soutenant les parties précédentes et assurant à leurs rapports une fixité relative. — 7. 7, *ligaments ronds*, soutenant l'utérus en avant.

8, face postérieure du *vagin*. La paroi antérieure a été fendue et écartée pour laisser voir l'intérieur du vagin et la partie inférieure du col de l'utérus.

(Une coupe antéro-postérieure du vagin et de l'utérus se voit fig. 4, page 29 : 1, *utérus*. — 2, *vagin*.)

272. Les *spermatozoïdes*, élément fécondant fourni par l'homme, sont des corpuscules microscopiques ayant à peu près la forme du têtard de grenouille.

On les voit nager, en nombre considérable, dans une liqueur blanche, visqueuse, qui est le *sperme*.

Le *sperme* est sécrété par deux glandes extérieures au bassin, les *testicules*. Deux canaux l'amènent ensuite dans les *vésicules séminales*, réservoirs situés dans l'abdomen, de chaque côté de la vessie, et de là dans un point reculé de l'urètre, d'où il est expulsé au dehors.

273. Lors du rapprochement sexuel, le sperme est lancé dans le vagin; de là il pénètre dans l'utérus, passe dans la trompe, chemine quelquefois jusqu'à l'ovaire et féconde l'ovule où il le rencontre. A la sécrétion du sperme et à son expulsion dans les voies génitales de la femelle se borne le rôle du mâle dans la reproduction.

274. Lorsqu'on eut reconnu que la menstruation était une hémorrhagie en rapport avec la maturation et la ponte périodique des ovules, on crut pouvoir conclure que le commencement de la période menstruelle était l'époque la plus favorable à la fécondation. La constatation de la lenteur avec laquelle les ovules progressent dans la trompe conduisit à admettre, en outre, que la rencontre des spermatozoïdes et de l'ovule avait lieu dans la trompe.

Mais on sait aujourd'hui que l'ovule non fécondé ne se détruit que dans l'utérus, c'est-à-dire un certain nombre de jours après sa chute de l'ovaire. D'autre part, des spermatozoïdes encore vivaces ont été rencontrés dans la trompe assez longtemps après le rapprochement sexuel. Enfin, des faits établissent que la fécondation peut s'effectuer à la surface de l'ovaire, et il n'est pas impossible qu'elle ait lieu dans l'utérus, avant que l'ovule s'y soit détruit. La rencontre des spermatozoïdes et de l'ovule, rencontre qui a pour résultat la fécondation de ce dernier, est donc possible en tout temps, comme l'expérience avait antérieurement porté à l'admettre.

RAPPROCHEMENT SEXUEL.

275. L'opportunité du rapprochement sexuel est indiquée par un désir dont l'apparition, en rapport avec l'état de l'organisme, est tout à fait comparable aux appétits, à la faim ou à la soif, par exemple. Si l'appétit vénérien diffère de ceux qui président aux actes de nutrition, c'est surtout en ce que le besoin de le satisfaire constitue une nécessité moins impérieuse, et en ce qu'il est bien plus qu'eux soumis aux influences de l'habitude, de la volonté, des circonstances extérieures.

276. L'appétit vénérien devrait n'apparaître qu'à l'époque de la puberté; mais il se manifeste souvent plus tôt, quelquefois plus tard. L'éducation, les conversations habituelles, les lectures, les sociétés, peuvent beaucoup sur l'époque de son éveil et contribuent ordinairement à le rendre précoce. La précocité trop grande des habitants des villes nous paraît être la condamnation d'un système d'éducation dans lequel on occupe mal l'intelligence, la fatiguant sans l'exercer, et dans lequel on ne donne pas une satisfaction suffisante à la curiosité de connaître, si remarquable chez la plupart des jeunes sujets. Dans certains cas, une précocité excessive de l'instinct génital s'observe sans qu'on puisse la rattacher à aucune condition organique définie, et constitue une véritable idiosyncrasie.

L'expérience de chaque jour démontre l'inanité des

moyens par lesquels on a eu la prétention de refréner l'appétit vénérien une fois qu'il s'est manifesté ; on peut tout au plus tenter de le modérer.

Tous les hygiénistes sont d'accord pour prescrire l'éloignement des causes d'excitation ; mais ce conseil, excellent à une période antérieure, n'a plus aucune valeur du moment que l'imagination est devenue elle-même la plus puissante des causes d'excitation génitale.

Le mieux est alors d'occuper l'esprit, ce qui n'est pas toujours possible, et de fatiguer le corps ; mais cette chance de modifier par l'habitude des exigences organiques exagérées n'est elle-même de quelque efficacité que lorsque l'appétit vénérien, légitimement satisfait par le rapprochement sexuel, a été déjà en partie émoussé par la satiété.

277. Les effets de la continence absolue ont été très-diversement appréciés. On la regarde généralement comme déterminant chez l'homme des pollutions nocturnes, un changement du caractère, qui devient sombre et irritable, quelquefois des accidents cérébraux. Mais, indépendamment des aptitudes individuelles, si diverses, il faudrait tenir compte, dans l'appréciation de ces effets, des causes de la continence, et distinguer entre la continence forcée et la continence volontaire. Il est cependant démontré que cette dernière n'est elle-même pas exempte d'inconvénients.

Chez les femmes, la continence absolue est plus fréquente ; elle entraîne des accidents nerveux variés et une vieillesse anticipée. On l'a accusée encore, mais sans preuves suffisantes, de prédisposer aux maladies qui s'observent plus communément à l'époque de la suppression des règles.

278. Le rapprochement sexuel, lorsqu'il est provoqué par un désir vif et qu'il répond à un besoin véritable, repose le corps et dégage l'esprit. Toutes les fois qu'il n'a pas ce résultat, l'acte génital est de trop. Il est impossible de formuler un précepte qui en règle autrement l'exercice, les aptitudes individuelles et l'influence du milieu social faisant osciller, entre des limites extrêmement étendues, la fréquence de l'appétit vénérien et le pouvoir de le satisfaire.

Cependant il est incontestable qu'en dehors des conditions qui rendent les rapports sexuels impossibles ou très-difficiles (captivité et conditions analogues), on dépasse généralement de beaucoup les exigences d'une hygiène bien entendue. Il importe, en pareille matière, de ne pas aller au delà des besoins, et de ne pas augmenter ceux-ci par l'habitude.

279. L'abus de l'acte vénérien exerce sur l'état général de la santé les plus fâcheux effets. Ses conséquences les plus ordinaires sont la pâleur, la maigreur, des palpitations nerveuses, diverses névralgies, une démarche traînante, un faible pouvoir de résistance au froid et à la fatigue; le caractère devient triste, apathique, indifférent, l'intelligence paresseuse.

L'impuissance, la consomption dorsale et la phthisie paraissent quelquefois dues à des excès de ce genre, surtout à la pratique d'habitudes contraires au vœu de la nature. Lorsque ces habitudes existent, et elles sont assez répandues chez les enfants, on pourra les atténuer par l'exercice poussé jusqu'à la fatigue, les bains froids, un coucher frais sans être dur (matelas de zostère). On combattra en même temps par des purgatifs doux à très-faible dose la constipation, qui est fréquente. La circoncision est souvent, en pareille circonstance, une ressource précieuse qui réussit alors que les autres moyens ont échoué.

280. On doit s'abstenir du coït après le repas, pendant tout le temps que dure le travail de la première digestion.

L'infraction à cette règle peut amener les accidents les plus graves chez les gens âgés, déjà très-disposés à recevoir une impression fâcheuse d'une pratique qui n'est généralement plus pour eux la satisfaction d'une exigence physiologique. L'accomplissement de l'acte vénérien peut déterminer chez ceux qui y sont prédisposés des congestions ou des hémorrhagies cérébrales, l'apoplexie pulmonaire et les ruptures anévrysmales, et cela d'autant mieux qu'il a lieu à un moment plus rapproché du repas.

281. Nul appétit n'est plus subordonné à l'influence de l'habitude, à celle du milieu extérieur, à l'état du système nerveux, que l'appétit vénérien. Considérablement surexcité par l'oisiveté, l'instinct génital est calmé par le travail. Il faut noter enfin que, bien que cet instinct soit le stimulant d'un acte qui a uniquement pour but de pourvoir à la conservation de l'espèce, il apparaît fréquemment avant l'aptitude à la fécondation, et ne s'éteint presque constamment que longtemps après que l'individu a cessé d'être fécond.

282. On devra s'abstenir du coït pendant l'écoulement menstruel des femmes.

Le rapprochement sexuel, souvent préjudiciable à l'homme pendant cette période, ne l'est pas moins à la femme, en raison de la fatigue qu'il cause dans un organe dont les fonctions délicates en éprouvent une perturbation incontestable. Nous insistons sur ce point, parce que la découverte de la ponte d'un ovule, à chaque menstruation, a fait regarder l'époque de l'écoulement des règles comme le moment le plus favorable à la fécondation. Mais nous avons vu plus haut que la fécondation ne coïncide pas nécessairement avec la ponte de l'ovule; l'existence de la menstruation devient dès lors, au point de vue du rapprochement sexuel, une source d'inconvénients sans compensation.

MARIAGE ET CÉLIBAT.

283. On a cherché à apprécier l'influence du mariage au point de vue de la longévité. Les préoccupations hygiéniques n'ayant le plus souvent aucune part dans les raisons sur lesquelles chacun se fonde pour se marier ou rester célibataire, la solution de cette question ne saurait avoir qu'une importance pratique médiocre. Cependant nous devons dire un mot des arguments mis en avant par les auteurs qui ont eu la prétention d'apprécier le rôle hygiénique du mariage.

A priori, il semble que les hommes célibataires se trouvent dans des conditions meilleures que les hommes mariés. Chez eux, en effet, le célibat ne suppose pas la continence, et ils vivent d'ailleurs plus libres, plus indépendants, plus exempts de soucis. Ces raisons, alors même qu'on fait la part des excès auxquels se livrent beaucoup de célibataires, sembleraient devoir, au moins lorsqu'ils sont dans une position aisée, leur assurer de grands avantages sur les hommes mariés. Chez les femmes, la même distinction n'est plus possible : le célibat suppose le plus souvent la continence, et nos mœurs sont loin de faire à la femme non mariée une vie plus libre et plus indépendante qu'à la femme mariée.

En ne tenant pas compte des mille circonstances, position de fortune, habitation à la ville ou à la campagne, profession, etc., qui font qu'en pareille matière il n'est peut-être pas deux cas exactement comparables, on est porté à admettre d'une manière générale que le célibat est favorable aux hommes et le mariage aux femmes.

En présence de l'insuffisance des conclusions auxquelles peut conduire l'appréciation individuelle des différents termes d'une question aussi complexe, on a cru devoir appeler la statistique à trancher la difficulté. On a donc pris cent individus mariés de chaque sexe pour les comparer à cent individus non mariés du même sexe. Pour les uns et les autres, l'observation commençait à l'âge de *vingt-cinq* ans. On a trouvé ainsi qu'à soixante-dix ans les survivants mariés étaient plus nombreux que les survivants célibataires, d'où on a conclu que les chances de longévité étaient augmentées par le mariage.

Mais il est remarquable que la mortalité relative des célibataires se montre tellement considérable entre vingt-cinq et trente ans, que, si l'on reprend l'observation parallèle qui vient d'être rapportée, en la faisant partir de l'âge de *trente ans*, la conclusion doit être toute différente : la longévité probable des célibataires excède notablement celle des gens mariés, chez les femmes aussi bien que chez les hommes.

Il y a là une contradiction apparente ; mais elle s'explique aisément. La comparaison des deux résultats statistiques établit, en effet, que de vingt-cinq à trente ans la mortalité des célibataires excède de beaucoup celle des gens mariés. Or, cette mortalité est surtout le fait des maladies chroniques, souvent héréditaires, qui empêchent un grand nombre de sujets de se marier ; donc, si l'on veut pouvoir tirer du calcul précédent des conclusions légitimes, il faut, ou bien écarter cet élément, ou bien ne commencer la comparaison que plus tard, quand les sujets qui ne se sont pas mariés parce qu'ils étaient malades seront morts. La statistique devient alors favorable au célibat.

Quoi qu'il en soit, il importe d'éloigner du mariage tous les sujets atteints de quelque affection organique héréditaire, et exposés à faire souche d'aliénés, d'idiots, de phthisiques, de scrofuleux, etc.

STÉRILITÉ. INFÉCONDITÉ.

284. En parlant des conditions et du but physiologique du rapprochement sexuel, nous avons indiqué ce qui peut être connu du mécanisme de la fécondation et du rôle des éléments reproducteurs fournis par chaque sexe. Il nous reste à tenir compte des circonstances qui peuvent rendre la fécondation impossible.

Plusieurs causes d'infécondité sont communes aux deux sexes. La trop grande jeunesse, l'âge trop avancé, certains états morbides dans lesquels le mode général de nutrition s'écarte plus ou moins du type normal, sont de ce nombre. Peut-être faut-il rapprocher de ces vices de nutrition la stérilité absolue des produits de certains accouplements, et celle, relative, de sujets mal assortis, se comportant d'une manière tout à fait comparable aux mulets, qui, inféconds lorsqu'on les accouple entre eux, sont capables cependant de concourir à la génération lorsqu'on les accouple à des individus de l'espèce chevaline ou asine.

La richesse paraît aussi une cause d'infécondité relative. Il est constant que les gens pauvres font plus d'enfants que les gens riches. Aucune des raisons par lesquelles on a cherché à rendre compte de ce fait ne suffit à l'expliquer.

Enfin, l'abus des plaisirs vénériens doit être regardé comme une cause fréquente de stérilité.

285. Il est, au contraire, souvent possible de reconnaître la cause de l'infécondité lorsqu'elle est en rapport avec quelque vice organique présenté par un individu donné de l'un ou de l'autre sexe.

Chez la femme, la stérilité est souvent la conséquence de maladies du corps ou du col de l'utérus, et de divers vices de conformation des organes génitaux auxquels le chirurgien peut quelquefois remédier.

Chez l'homme, l'infécondité peut reconnaître pour cause l'impuissance, toutes les maladies du testicule dans lesquelles la sécrétion spermatique est tarie ou altérée, et les vices de conformation des organes génitaux.

GESTATION.

286. La fécondation opérée, l'œuf poursuit son développement dans l'utérus, où il séjourne pendant neuf mois. Au bout de ce temps, l'organisation du fœtus lui permettra de vivre et de croître au sein du milieu commun.

Les phases du développement fœtal et les transformations que subit l'utérus pendant ce développement ne nous arrêteront pas ici. Nous indiquerons seulement les modifications qui, apparaissant à cette époque chez la mère, sont le signe habituel de son état de grossesse. Les unes traduisent les sympathies qu'éveille dans toute l'économie une condition organique nouvelle, tandis que les autres sont liées à l'augmentation de volume de l'organe gestateur.

La suppression de l'écoulement menstruel, survenant seule ou s'accompagnant de perversion de l'appétit, est d'ordinaire le premier indice de la grossesse. Des dégoûts, des nausées, des vomissements, se montrent quelquefois peu de jours après la fécondation, et cessent ordinairement vers le cinquième mois pour reparaître souvent à une époque rapprochée du terme de la gestation.

287. Des picotements sont ressentis à la mamelle, qui augmente de volume. L'aréole du bout de sein prend une teinte foncée, mouchetée; quelques boutons, dus à l'augmentation de volume des glandes cutanées, y apparaissent. Le mamelon devient saillant; et, plus

tard, il s'en écoule un liquide épais, visqueux, transparent, qui, très-différent d'abord du lait, en prendra les caractères peu après l'accouchement.

Ces modifications de l'organe mammaire surviennent à des époques assez variables ; elles ne sont généralement bien prononcées qu'à partir du cinquième mois.

288. Vers le commencement du cinquième mois, la mère commence à sentir les mouvements du fœtus. Le ventre est alors volumineux par suite de la dilatation passive de l'utérus distendu par le fœtus.

Les anomalies fonctionnelles de la seconde moitié de la grossesse, gêne de la respiration, palpitations, enflure des jambes, sont surtout en rapport avec le refoulement des organes produit par cette augmentation de volume de l'utérus.

ACCOUCHEMENT.

289. Lorsque le fœtus est arrivé au terme de son développement intra-utérin, un certain nombre d'efforts organiques concourent à son expulsion.

L'utérus forme un globe ouvert seulement en un point, au niveau de son col, par où il vient s'ouvrir dans le vagin. Le canal du col est long et étroit, à bords épais ; pendant la grossesse, le col a déjà subi un ramollissement qui en facilitera la dilatation. Lorsque le moment de l'accouchement est venu, l'utérus est pris de contractions qui ont pour effet d'agrandir son orifice par l'effacement et l'amincissement de ses bords en même temps qu'elles tendent à chasser par cette

ouverture élargie le contenu de l'organe. Ces contractions de l'utérus sont accompagnées de douleurs intermittentes de caractère variable, et qu'on distingue en
préparantes et en *expulsives*, suivant le rôle attribué aux
contractions auxquelles elles répondent.

290. La dilatation de l'orifice utérin, commencée par
les contractions douloureuses de l'utérus, est augmentée ensuite par l'engagement d'une partie des membranes de l'œuf (poche des eaux), recouvrant la partie
fœtale qui se présente, ordinairement la tête.

Enfin, lorsque la dilatation du col de l'utérus est aussi
complète que possible, que la partie fœtale est largement engagée dans l'orifice, la poche des eaux se
rompt, le plus souvent spontanément, et le liquide
qu'elle contenait s'écoule petit à petit, lubréfiant les
parois du vagin.

291. A ce moment, les obstacles à vaincre changent
de nature, et les contractions utérines ont pour but de
faire traverser au fœtus, non plus l'orifice du col, mais
la partie la plus étroite du bassin. Le fœtus est alors
comprimé de façon à prendre la forme d'un coin qui
s'engage par sa petite extrémité dans le détroit du bassin. Il est ensuite poussé dans ce canal, de manière que
le plus grand diamètre de la partie engagée soit, jusqu'à la fin, en rapport avec le plus grand diamètre du
bassin.

292. Après l'expulsion, le fœtus est encore attaché à la
mère par le cordon ombilical, qu'on lie à cinq centimètres environ de son insertion fœtale, après quoi on
le coupe entre la ligature et les parties maternelles.

11.

L'autre extrémité du cordon ombilical se perd dans une espèce de champignon vasculaire, nommé le *placenta* ou *délivre*, qui, pendant la vie intra-utérine, constituait pour le fœtus un organe temporaire de nutrition.

La sortie du placenta ne suit pas immédiatement celle du fœtus. Bien qu'elle puisse se faire spontanément dans le plus grand nombre de cas, on la facilite par des tractions douces exercées sur le cordon.

293. Dans l'exposé qui précède, nous avons dû envisager l'accouchement dans son plus grand état de simplicité, et tel qu'on l'observe dans l'immense majorité des cas. Mais diverses circonstances peuvent le rendre difficile et nécessiter l'intervention de l'art.

Nous passerons en revue les principales, n'y insistant qu'autant qu'il est utile pour indiquer aux femmes dont la grossesse n'a pas été suivie par leur médecin les précautions qui relèvent plus ou moins de leur initiative.

On ne doit pas tirer un présage fâcheux des idées sombres et délirantes qui accompagnent les premières douleurs; le moral se relève lorsque arrivent les douleurs expulsives.

Lorsque, malgré des contractions énergiques et répétées, la dilatation de l'orifice ne se fait pas, ce dont on est prévenu par la sage-femme, il faut faire appeler un médecin, car l'absence de la dilatation tient ordinairement à un état du col auquel il importe de remédier.

Lorsque la poche des eaux tarde à se rompre, on l'ouvre avec l'ongle ou avec un cure-dent. Généralement, on se presse trop de le faire; aussi convient-il de ne pas réclamer cette petite opération, comme cela arrive à quelques femmes qui ont eu déjà des enfants.

294. Lorsqu'un bras se présente, l'accoucheur doit être appelé immédiatement ; l'accouchement spontané est alors impossible ; une manœuvre destinée à changer la présentation est nécessaire, et cette manœuvre présente d'autant plus de difficulté qu'on a plus attendu.

Si c'est la face qui se présente, faire encore appeler de bonne heure un médecin ; son intervention peut être nécessaire.

L'accouchement, alors que le fœtus se présente par les pieds, se fait ordinairement seul ; mais il importe de ne pas en précipiter la terminaison : on s'exposerait à rendre la sortie de la tête assez difficile pour mettre l'accoucheur dans la nécessité de sacrifier l'enfant et de fatiguer beaucoup la mère.

295. Lorsqu'une hémorrhagie légère survient avant le travail ou pendant les premières douleurs, la patiente devra se coucher au frais, le siége haut, et garder un repos absolu. Elle prendra des boissons acides fraîches, un lavement à peine tiède, et s'abstiendra d'aliments. Le médecin doit être toujours prévenu aussitôt qu'apparaît une hémorrhagie, les hémorrhagies un peu abondantes pouvant causer des accidents graves lorsqu'elles ne sont pas arrêtées à temps par des moyens chirurgicaux.

296. Les difficultés les plus sérieuses de l'accouchement sont celles qui tiennent à un vice de conformation du bassin, à la longueur insuffisante de quelqu'un de ses diamètres. Ces difficultés pouvant être prévues

d'avance et comportant des indications qu'il ne serait plus temps de remplir lorsque la gestation est arrivée à son terme, on ne saurait trop engager les femmes à réclamer dès le début de la grossesse l'examen de leur médecin.

297. Le décollement du placenta est suivi d'une hémorrhagie provenant de la déchirure et de la compression de quelques vaisseaux. Quelques jours après la délivrance, cette hémorrhagie a fait insensiblement place à l'écoulement d'un liquide albumineux d'un brun pâle et d'une odeur forte (lochies). Au bout de six à dix jours, ce liquide s'éclaircit, devient moins abondant, perd son odeur. L'écoulement des lochies dure d'un mois à six semaines.

298. Après la délivrance, l'accouchée doit être laissée en repos et dormir. Ce n'est qu'après qu'un peu de sommeil a réparé ses forces qu'il convient de procéder aux soins de propreté qu'elle réclame, au changement des linges souillés par l'accouchement. Tous ces soins lui seront donnés en la déplaçant le moins possible et en la laissant couchée sur le dos, position qu'elle fera bien de garder pendant plusieurs jours, pour éviter les déviations auxquelles l'utérus, non encore revenu à son volume normal, est alors très-exposé. Le linge de corps que portait la patiente au moment de l'accouchement ne sera changé que le troisième ou quatrième jour. Si l'accouchement a été naturel et facile, on pourra quitter le lit vers le dixième jour; il est nécessaire d'y rester plus longtemps lorsque les couches ont été laborieuses. L'alimentation, légère pendant les premiers jours, pourra être progressivement augmentée quand

la sécrétion du lait sera tout à fait établie, c'est-à-dire vers le quatrième jour. Si la femme n'allaite pas, ce terme doit être un peu reculé.

Quant au nouveau-né, s'il est venu dans de bonnes conditions, il suffit de le laver à l'eau tiède avec une éponge douce; après quoi on fixera le cordon ombilical avec un bandage peu serré. L'enfant sera ensuite enveloppé et couché : ce n'est qu'au bout de huit à dix heures qu'on lui donne le sein.

ALLAITEMENT.

299. Dès les premiers mois de la gestation, le mamelon laisse écouler en petite quantité un liquide albumineux, transparent, auquel on a donné le nom de *colostrum*. Le colostrum a des propriétés purgatives qu'il perd peu à peu à mesure que ses caractères se rapprochent davantage de ceux du lait.

Lors de l'accouchement, le liquide qui s'écoule du sein, bien qu'il présente déjà l'aspect du lait, est encore légèrement purgatif; ce n'est qu'au bout de deux ou trois jours que la transformation se complète et que la sécrétion se montre abondante. A cette époque, les seins deviennent durs et douloureux; un mouvement fébrile plus ou moins intense survient, auquel on a donné le nom de *fièvre de lait;* ce mouvement fébrile s'apaise au bout de vingt-quatre heures : la sécrétion est établie.

Lorsque la mère ne nourrit pas, la fièvre de lait se prolonge davantage; puis la sécrétion du lait diminue peu à peu, pour se supprimer vers la sixième semaine, époque à laquelle les règles reparaissent.

300. La mère qui nourrit doit, pendant les deux premiers mois, donner le sein à l'enfant toutes les fois qu'il le désire. Passé ce terme, on ne le lui donnera plus que toutes les deux ou trois heures.

La nourrice ne doit pas donner le sein après un repas ou après une émotion vive; elle accoutumera l'enfant à user alternativement des deux mamelles; ses seins seront entourés de coton et chaudement couverts.

301. L'époque à laquelle il convient de sevrer l'enfant est extrêmement variable; la seule prescription applicable à tous les cas est d'éviter de sevrer pendant les grandes chaleurs.

Avant de supprimer complétement l'allaitement, on le fera alterner avec l'ingestion de bouillies et de soupes légères.

302. L'écoulement menstruel, suspendu chez la nourrice pendant l'allaitement, reparaît lorsque cesse la sécrétion du lait. Il faut donc surveiller attentivement l'enfant lorsqu'il arrive que les règles de sa nourrice reparaissent.

Une autre circonstance dont on peut avoir à tenir compte est la diminution de la sécrétion lactée chez une nourrice fécondée pendant l'allaitement.

303. Quant à la question de décider si l'enfant doit être allaité par sa mère ou par une nourrice étrangère, la solution en est subordonnée à une foule de circonstances dont l'appréciation doit être réservée au médecin.

On admet, d'une manière générale, que la nourriture

par la mère est préférable, donnant, à l'appui de cette opinion, d'excellentes raisons tirées de la concordance entre l'époque de l'accouchement et l'établissement de la sécrétion lactée. Mais il est, dans les villes surtout, un grand nombre de femmes débiles, irritables, atteintes de maladies chroniques ou d'accidents aigus à la suite de leurs couches, qui sont incapables de donner à leur enfant une nourriture convenable. Le mieux est alors de recourir à une nourrice bien constituée; à défaut de cette ressource, l'allaitement par une chèvre est préférable à l'allaitement artificiel.

On a fait valoir encore, en faveur de l'allaitement maternel, cette considération que la succion exercée sur les seins déterminait des contractions réflexes de l'utérus, éminemment propres à conjurer la production des engorgements de cet organe, si communs chez les femmes qui ont eu des enfants et n'ont pas nourri. Sans nier la valeur théorique de cette observation, nous ferons remarquer que le défaut de retrait de l'utérus par absence de l'allaitement n'est qu'une des mille causes de l'engorgement, et que celui-ci est peut-être aussi commun chez les femmes qui ont nourri, et même chez celles qui n'ont jamais eu d'enfants, que chez celles qui n'ont pas allaité. Enfin, nous avons aujourd'hui, dans l'électrisation, un moyen excellent et parfaitement innocent de prévenir. comme de faire cesser ces engorgements par défaut de retrait de l'utérus.

Après les raisons d'ordre physiologique invoquées pour et contre la pratique de l'allaitement par la mère, peut-être n'est-il pas déplacé d'indiquer la raison vraie qui fait que, dans les grandes villes, les femmes ne nourrissent guère elles-mêmes : c'est l'exiguïté des appartements. La femme évite d'allaiter pour ne pas faire à son mari un intérieur insupportable. Chez les gens peu aisés, la nourriture a, en outre, l'inconvénient d'empêcher le travail de la femme.

CHAPITRE VIII

DU ROLE DES MODIFICATEURS PHYSIQUES EXTÉRIEURS

304. Les manifestations de la vie sont toutes soumises à des conditions physico-chimiques. Les phénomènes du développement ne sont possibles que dans des milieux d'une composition chimique déterminée, et dont la température ne peut varier qu'entre des limites assez rapprochées. Quant aux propriétés des tissus, elles ne peuvent se manifester que lorsque ceux-ci se trouvent dans des conditions physiques également déterminées.

Les animaux élevés portent, il est vrai, en eux un milieu interne et individuel dont l'état physique varie peu, et qui leur permet de résister mieux que les animaux inférieurs à l'influence des variations du milieu commun. Celles-ci, cependant, exercent, soit immédiatement, soit indirectement, une action de tous les instants qui, pour ne pas se traduire ordinairement par des effets directs et subits, n'en est pas moins importante.

Dans les chapitres qui précèdent, le rôle du milieu extérieur a été examiné dans ses rapports avec les fonctions spéciales sur lesquelles il a une influence prochaine ; il nous reste à examiner les conditions dans lesquelles son action paraît s'adresser à la fois à tout l'organisme.

I

ATMOSPHÈRE.

305. A l'occasion de la respiration, nous avons signalé les variations de composition de l'air atmosphérique, les causes ordinaires de sa viciation et les causes d'empoisonnement dont il peut être le véhicule. L'air exerce encore sur l'organisme des influences générales en rapport avec les conditions purement physiques dans lesquelles il se trouve, avec sa température, son état de sécheresse ou d'humidité, ses mouvements, la pression à laquelle il est soumis, son état électrique et la quantité de lumière qui le traverse. C'est à ces derniers points de vue que nous devons maintenant l'examiner.

306. Lorsqu'on passe en revue les matériaux qui ont été réunis pour cette étude, on voit que les observations sur lesquelles elle repose ne sont pas du tout comparables entre elles, et qu'il n'est possible d'en tirer actuellement que des conclusions extrêmement réservées.

En effet, le milieu atmosphérique exerce à chaque instant sur l'organisme plusieurs influences d'ordres divers, dont les conditions physiques peuvent être définies séparément avec une grande exactitude. Mais l'action physiologique totale de ces influences multiples ne pourrait être ainsi décomposée en ses divers éléments qu'au moyen d'une analyse expérimentale qu'il est impossible de déduire rationnellement des observations brutes laborieusement rassemblées dans les traités d'hygiène.

307. Quelques exemples suffiront pour établir le peu de valeur des observations qui portent sur l'influence des conditions physiques isolées, tandis que les autres restent sujettes à varier.

C'est à l'aide du thermomètre qu'on apprécie la température atmosphérique, et c'est en regard des indications de cet instrument que les hygiénistes enregistrent les sensations calorifiques. Or il n'est personne qui ne sache, par son expérience propre, que les indications calorifiques fournies par l'organisme ne sont pas d'accord avec celles du thermomètre. L'influence des vents sur la température sensible est encore très-considérable : les vents d'est, qui règnent habituellement vers le commencement du printemps dans nos climats, font croire à un froid plus vif que celui accusé par le thermomètre ; on les reconnaît, en outre, à la sensation pénétrante qu'ils procurent, sensation bien différente du refroidissement superficiel que cause le vent du nord. Les grandes chaleurs de l'été sont, à température égale, plus pénibles dans les climats tempérés que dans les climats chauds, plus pénibles encore dans les pays froids que dans les régions tempérées. La différence des impressions qu'éprouve l'organisme dans ces circonstances est très-vraisemblablement en rapport avec l'état électrique de l'atmosphère. L'action du milieu extérieur sur l'organisme, alors même qu'on ne l'envisage qu'au point de vue de son influence physique, se montre donc déjà extrêmement complexe.

Le thermomètre donne la température du milieu; nos sensations donnent tout au plus la température de l'organisme ; ces deux températures ne variant pas proportionnellement dans les circonstances ordinaires, les indications météorologiques isolées ne sauraient être pour le médecin qu'un instrument d'une importance très-secondaire. Les indications multiples seules pourront être un jour consultées utilement, lorsque l'expérimentation aura rendu possible l'appréciation de leurs divers éléments. En attendant, on est réduit à chercher une base d'appréciation sommaire dans l'examen des cas dans lesquels quelqu'une des conditions physiques du milieu est tellement prononcée, qu'on peut, en raison de son intensité relative, regarder les autres comme à peu près négligeables.

308. Bien que les phénomènes circulatoires et les actes chimiques qui s'accomplissent au sein des tissus assurent aux animaux à sang chaud une température propre sensiblement constante, l'organisme s'échauffe lorsqu'il est placé dans un milieu dont la température est plus élevée que celle du sang. Cet échauffement est retardé par les circonstances qui favorisent l'évaporation des liquides exhalés par le poumon et par la peau; il se produit moins facilement dans un air sec et agité. L'élévation de température du sang est favorisée, au contraire, par l'humidité et l'immobilité de l'air, qui diminuent l'activité des causes physiques de refroidissement, et par l'exercice musculaire, qui active les phénomènes internes de calorification. On peut donc, dès

à présent, reconnaître que, dans l'échauffement du sang et des tissus, l'influence de la chaleur extérieure est inséparable de celle qu'exerce le degré d'humidité de l'air.

309. Quoi qu'il en soit, un mammifère soumis à une température élevée s'échauffe peu à peu, et finit par succomber avant que la température de son sang ait atteint 45 degrés. Il meurt alors subitement par arrêt des mouvements du cœur.

On a aussi attribué à la chaleur une influence considérable sur la circulation du cerveau. Bien qu'on doive reconnaître une cause de désordres cérébraux dans l'action directe de la chaleur solaire sur la tête, il y a certainement beaucoup d'exagération dans l'opinion commune qui met sur le compte de l'apoplexie tous les cas de mort subite dont la chaleur paraît être la cause.

Quant à la folie et aux suicides, leur fréquence plus grande pendant la saison des chaleurs doit sans doute être attribuée à des conditions atmosphériques très-complexes.

310. Par les températures basses, lorsque l'activité musculaire ne vient pas rendre au sang la somme de chaleur que lui enlève le milieu environnant, la mort arrive lorsque le corps a subi un certain degré de refroidissement.

L'influence de l'état hygrométrique des milieux froids n'a pas été étudiée. Ils renferment généralement peu de vapeur d'eau ; mais une quantité moins grande de vapeur suffit pour les saturer. Bien qu'on puisse penser à *priori* que, toutes choses égales d'ailleurs, le refroidissement est moins prompt dans un milieu dont l'humidité diminue l'activité de l'évaporation cutanée, c'est une question à étudier expérimentalement.

311. Les phénomènes chimiques dans lesquels se dépense la puissance de vie sont peu favorisés par une température basse, et ont dans les climats froids une activité moindre que dans les pays chauds. Dans les premiers, l'organisme s'use plus lentement : aussi la vie moyenne y est-elle plus longue et les exemples de grande longévité plus communs ; l'exercice est mieux supporté; une alimentation riche et assez abondante stimule l'économie sans risquer de l'incendier.

Par contre, les besoins de l'homme sont plus nombreux dans les pays froids ; la vie y est plus difficile ; la misère, plus grande, y engendre une foule de causes de destruction : encombrement, privation d'air et de lumière, alimentation insuffisante. Ces causes de maladie, qui ont pour résultat de favoriser le lymphatisme, les affections scrofuleuses et tuberculeuses, concourent, avec les excès de travail ou de plaisir, à compenser en partie les avantages qu'offre une température sous l'influence de laquelle les phénomènes de désorganisation de la matière vivante sont moins actifs.

312. Pendant l'été, les conditions atmosphériques des pays froids se rapprochent un peu de celles des pays chauds. Il est nécessaire de modifier alors ses habitudes pour n'être pas incommodé par la chaleur. La quantité de nourriture devra être diminuée, ainsi que la somme du travail physique ou intellectuel. Le sommeil dans le milieu du jour est une excellente habitude. Les bains tièdes et les bains frais peu prolongés sont très-avantageux. Il faut changer plus souvent de linge de corps.

313. La *lumière solaire* agit à la fois sur l'organisme comme lumière et comme chaleur. L'excès de lumière, quelle que soit la nature de la source d'où elle émane, a pour effet de déterminer des accidents divers du côté des yeux, de produire la fatigue et de favoriser ainsi l'altération des différentes parties de l'organe de la vision.

En tant que modificateur général, on n'apprécie l'excès de lumière que par les phénomènes calorifiques qu'il produit.

La privation de lumière amène chez les végétaux l'étiolement et la décoloration des tissus. Ses effets sur l'homme n'ont pu être isolés, en raison des circonstances dans lesquelles ils ont été observés, circonstances dans lesquelles des conditions étrangères d'humidité, d'alimentation mauvaise, d'aération insuffisante, de prostration morale, etc., venaient toujours ajouter leur influence débilitante à celle de la privation de lumière.

314. L'importance des sensations visuelles, comme source d'idées et d'émotions, rend l'expérimentation des effets de la seule privation de lumière extrêmement difficile. Ils ne pourraient être constatés avec quelque exactitude que par des épreuves comparatives faites sur des hommes ou des animaux aveugles.

315. L'influence de l'*état électrique* de l'atmosphère est peu connue dans son mécanisme, mais elle est incontestable.

Par les temps orageux, le système musculaire et le système nerveux moteur éprouvent un affaissement prononcé ; l'esprit est fatigué ; beaucoup de personnes ressentent du malaise, une agitation inquiète, des douleurs de tête. Les douleurs articulaires, rhumatismales, névralgiques, sont exaspérées chez les individus qui en sont atteints ou apparaissent chez ceux qui y sont sujets.

En général, les maladies aiguës sont aggravées dans ces circonstances, tandis que la pluie amène une sédation marquée de l'organisme. Cet effet bienfaisant de la pluie qui juge les crises orageuses est surtout remarquable l'été dans les hôpitaux.

Toutefois, dans ces circonstances, il est difficile de distinguer les phénomènes qui sont en rapport avec l'état électrique de l'atmosphère de ceux qui tiennent aux variations de son état hygrométrique et de sa pression, toujours modifiés.

316. L'air renferme normalement une certaine quantité d'oxygène dans un état particulier, sous lequel on l'appelle *ozone*. La présence et l'absence de l'ozone ont paru être liées à des conditions électriques, mais sans que les observations faites aient établi quelles relations existent entre la production de l'ozone et l'état électrique de l'atmosphère. On a noté l'absence de l'ozone dans l'air pendant les épidémies de choléra.

317. La *pression* de l'atmosphère est indiquée par le baromètre. L'emploi général de cet instrument pour faire prévoir à peu près la pluie et le beau temps montre que ses indications sont liées à des conditions complexes, et qu'on ne saurait s'en rapporter à elles lorsqu'on veut étudier les effets isolés de la pression sur les êtres vivants.

Dans les ascensions en ballon, on a noté les effets d'une diminution de pression considérable : fréquence plus grande des mouvements respiratoires et du pouls, fatigue survenant plus promptement, mouvements moins aisés, soif vive, bouche sèche, courbature, douleurs de tête, éblouissements, vertiges, tintements d'oreille, hémorrhagies.

On a noté aussi le refroidissement comme effet de la diminution de pression ; il a pu alors être l'effet de la température basse des régions de l'atmosphère dans lesquelles on observait. Cependant la diminution de pression peut refroidir en favorisant l'évaporation des liquides que renferment nos tissus.

318. De grandes machines à compression, construites dans un but thérapeutique, ont permis d'observer les effets de l'augmentation de pression : léger ralentissement de la respiration et du pouls, salivation et urination abondantes, faim prompte, mouvements aisés. L'ascension d'une échelle essouffle moins au fond des puits de mines, où la pression est augmentée, qu'à l'air libre, où elle est moins considérable.

Bien que les habitants des montagnes soient habituellement sains et vigoureux, lorsqu'ils ne sont pas atteints de maladies des organes respiratoires ou circulatoires, ou qu'ils ne sont pas prédisposés à ces maladies, les autres conditions physiques favorables dans lesquelles ils se trouvent ne permettent pas de conclure qu'une faible pression atmosphérique soit avantageuse ; il semble, au contraire, permis d'admettre que l'augmentation de la pression atmosphérique est, dans le plus grand nombre des cas, préférable à sa diminution. On a noté aussi que les cas de mort subite étaient surtout fréquents aux époques où la pression barométrique se montre faible ; mais il est impossible de dégager ici l'influence propre de la pression des influences nombreuses qui la compliquent.

319. Les *vents*, indépendamment du rôle qu'ils jouent comme agents de transmission de certains principes morbides, ont sur l'organisme une action d'ordre physique très-marquée.

On doit les distinguer en secs et en humides, en chauds et en froids.

Les vents secs favorisent l'évaporation des produits de la perspiration insensible. Par là ils sont une cause de refroidissement, en même temps qu'ils opèrent un desséchement des tissus peu favorable à la manifestation de leurs propriétés physiologiques.

Ces deux effets varient suivant les proportions dans lesquelles l'élément sécheresse se combine avec la température : le premier prédomine par les vents secs froids, et le second par les vents secs chauds.

Les vents humides refroidissent moins que les vents secs ; leurs effets sont moins connus que ceux de ces derniers, parce qu'ils sont moins marqués et plus difficiles à isoler de ceux qui tiennent aux conditions simultanées d'état hygrométrique, de pression et d'état électrique.

Enfin, est-il besoin d'ajouter que toutes ces circonstances physiques générales produisent des effets variables suivant la constitution des sujets, le degré de mollesse ou de sécheresse habituelle de leurs tissus, l'état de leurs fonctions circulatoires et respiratoires, etc. ?

II

DU SOL ET DES EAUX.

320. La nature du sol et la distribution des eaux ont, au point de vue de l'hygiène, une importance très-grande. Les conditions qu'elles créent sont souvent d'une appréciation fort difficile, néanmoins l'observation a fourni à ce sujet quelques données dès à présent utilisables.

Les inégalités du sol font varier les expositions, et par suite l'influence des vents et de la lumière. Le renouvellement de l'air, insuffisant dans quelques vallées abritées contre les vents, est plus facile sur les hauteurs.

L'habitation des montagnes, outre qu'elle crée des conditions de froid et de moindre pression, met encore à l'abri de quelques maladies qui règnent dans les plaines. C'est ainsi que les habitants de la montagne ne sont pas atteints par les fièvres paludéennes, qui, à une très-faible distance, déciment la population de la plaine. Le séjour des lieux élevés préserve aussi, dit-on, de la fièvre jaune, de la peste et même du choléra ; ce sont là, toutefois, des assertions à vérifier.

321. La *végétation* est un élément de salubrité, surtout dans les pays chauds. Les forêts y diminuent l'échauffement du sol, auquel elles conservent un certain degré d'humidité. Le boisement des hauteurs y retient les eaux et prévient ainsi les inondations ; il empêche en même temps les pluies de détacher des montagnes la

couche de terre qui les recouvre et de l'entraîner dans les plaines.

La végétation vivifie l'air vicié par les animaux et par l'industrie, en lui abandonnant plus d'oxygène qu'elle n'en prend, et en fixant plus d'acide carbonique qu'elle n'en exhale. Elle constitue donc, à tous égards, un puissant moyen d'assainissement. Mais de grandes précautions doivent être prises lorsqu'on veut travailler un sol vierge, ou rendre à la culture un sol qui a été abandonné pendant longtemps ; ceux qui se livrent à ce travail sont très-exposés aux fièvres intermittentes simples ou pernicieuses.

322. La *nature géologique* d'une localité passe pour favoriser quelquefois, chez ses habitants, l'apparition de maladies endémiques et l'extension plus ou moins grande de certaines épidémies. On peut, à ce point de vue, diviser les terrains en *argileux*, *sablonneux* ou *granitiques* et *calcaires*, chacune de ces formes fondamentales pouvant être plus ou moins modifiée par les couches d'alluvion ou de terre cultivable.

On a prétendu rattacher à la constitution argileuse du sol, modifiée par une proportion un peu notable d'humus, l'apparition des fièvres intermittentes, de la fièvre jaune, de la peste et du choléra. Mais cette assertion, ayant été avancée un peu légèrement à l'appui d'une opinion sur les caractères de similitude de ces maladies, ne doit être accueillie qu'après vérification. Le témoignage de médecins anglais ayant exercé dans l'Inde, témoignage qui concorde avec des observations faites en France à l'occasion des épidémies de choléra, porterait plutôt à admettre que cette maladie ne sévit pas dans les localités granitiques, qu'elle sévit peu dans les localités à sol très-argileux, et que c'est dans les pays calcaires qu'elle exerce le plus de ravages.

323. Enfin le voisinage des grandes masses d'eau a une large part dans la détermination du caractère climatérique d'un pays. L'humidité de l'air y modère la sensation de froid par les basses températures. Quant à l'influence fâcheuse que cette humidité pourrait exercer sur l'organisme pendant les chaleurs, elle est compensée et au delà par le froid que produisent l'évaporation et les mouvements de l'air qui ont toujours lieu au voisinage des grands amas d'eau.

Ces conditions et d'autres encore se trouvent réalisées au plus haut degré par l'atmosphère maritime. Outre qu'en mer les oscillations de température sont moins étendues, la pression barométrique varie entre de limites plus rapprochées que sur les continents, et elle est un peu plus considérable; toutes ces circonstances sont éminemment favorables. Ajoutons que sur mer les causes ordinaires de viciation de l'air n'existent plus. Aussi les voyages au long cours sont-ils conseillés utilement aux phthisiques, aux sujets scrofuleux et à ceux qui présentent les attributs d'un tempérament lymphatique très-prononcé, etc.

324. Nous avons assez insisté sur le danger des émanations paludéennes pour n'avoir pas besoin d'ajouter que les considérations qui précèdent ne sont pas applicables aux eaux marécageuses.

Partout où se trouvent des marais, on voit régner des fièvres intermittentes d'autant plus graves que le climat est plus chaud.

Il est encore une cause de fièvres paludéennes qu'on eût pu difficilement soupçonner *à priori*, mais dont l'expérience a démontré la réalité. C'est le mélange des eaux douces avec l'eau salée de la mer, à l'embouchure des fleuves, alors même que ce mélange se fait sans donner lieu à la formation de marais proprement dits.

III

HABITATIONS.

325. Quand on s'élève dans l'échelle zoologique, on voit le perfectionnement organique se caractériser par l'indépendance plus grande de l'individu vis-à-vis du milieu commun au sein duquel il vit. Les animaux élevés, en effet, sont, ainsi que nous l'avons déjà dit plusieurs fois, sous la dépendance plus immédiate d'un milieu interne qui leur est propre, milieu dont les variations physiques oscillent entre des limites peu étendues.

L'industrie de l'homme poursuit un but analogue à celui que semblent accuser les tendances de la nature. Tandis que celle-ci perfectionne les espèces en individualisant leur milieu interne, la civilisation tend à individualiser le milieu commun, le modifiant de manière à soustraire, autant que possible, les organismes à l'influence des variations de la nature extérieure. Ce système d'isolement est réalisé jusqu'à un certain point par la construction des habitations et par l'usage des vêtements.

326. Cependant il est impossible d'atteindre assez complétement le résultat cherché pour qu'on puisse ne pas se préoccuper, dans l'édification d'une habitation, des conditions générales qu'il est utile de rechercher ou d'éviter. Aussi les considérations exposées précédemment sur l'influence de la nature du sol, des vents habituels, du voisinage des bois, des cours d'eau ou des marais, doivent-elles être tout d'abord présentes à l'esprit de celui qui choisit l'emplacement sur lequel il veut élever une maison.

327. Parmi les matériaux qui peuvent être employés, on préférera ceux qui, à solidité égale, sont plus isolants, conduisent moins bien la chaleur et se chargent le moins facilement de l'humidité de l'air.

A ce point de vue, les briques sont précieuses. Depuis quelques années, on fabrique des briques creuses qui contribueront largement à la salubrité des habitations en permettant d'obtenir, sous une faible épaisseur, des parois aussi isolantes et beaucoup plus sèches que celles dans lesquelles entrent de grandes masses de maçonnerie. Toutefois les briques creuses ne sont guère employées jusqu'ici que dans les parties supérieures des constructions ou pour cloisonner des parois de grosse maçonnerie. Pour les assises, on se sert de pierre calcaire un peu compacte, employée tantôt seule, tantôt concurremment avec la brique pleine.

Ces matériaux sont reliés entre eux par un mélange de sable et de chaux, ou simplement par du plâtre, qui retient toujours une assez grande quantité d'humidité. Lorsque le sol sur lequel on bâtit est naturellement très-humide, on se trouve bien de recourir pour les fondations à des liants particuliers, aux ciments, à la chaux hydraulique.

328. Le sol renferme presque toujours un excès d'humidité dont il importe de garantir l'étage inférieur. On y réussit en partie en faisant reposer le rez-de-chaussée sur des caves élevées. Malgré cette précaution, le rez-de-chaussée, difficile à sécher d'ailleurs en raison de la moindre quantité de lumière qu'il reçoit et du renouvellement insuffisant de l'air qui y a séjourné, sera encore trop humide si l'on néglige d'y recouvrir le parquet et les murailles d'enduits isolants convenablement choisis.

Dans les campagnes, le sol du rez-de-chaussée est habituellement en terre battue ou recouverte d'un dallage grossier. Cette condition est mauvaise. Un carrelage bien fait est préférable ; un parquet de bois vaudrait mieux encore s'il était plus facile de l'entretenir en bon état de conservation et de propreté.

329. L'*asphalte* isole parfaitement, et n'est pas du tout hygrométrique. On finira certainement par le substituer, pour les rez-de-chaussée, à tous les moyens de parquetage actuellement en usage. Il serait utile d'en recouvrir en outre, jusqu'à la hauteur d'un mètre au moins, les parois intérieures des murs. On assainirait ainsi considérablement l'étage le moins favorisé sous tous les rapports.

L'usage des papiers peints est une pratique mauvaise à tous les étages, pire encore au rez-de-chaussée. Le papier entretient l'humidité des plâtres et sert d'abri à une foule d'insectes. On devrait le remplacer partout par des boiseries, par de la faïence, par du stuc, ou simplement par une couche de peinture à l'huile.

330. A mesure qu'on s'élève, l'accès de la lumière et le renouvellement de l'air sont plus faciles. Mais l'étage supérieur se trouve dans des conditions particulières qui doivent être examinées.

L'habitude de consacrer la partie la plus élevée des maisons à des greniers inhabités se perd tous les jours. Il en résulte que les habitants du dernier étage ne sont que très-imparfaitement garantis par un plafond mince et la toiture contre les intempéries extérieures. Aussi cet étage est-il généralement très-froid en hiver et horriblement chaud en été, surtout lorsque la toiture est formée de feuilles de zinc, comme cela se voit souvent aujourd'hui. Les couvertures d'ardoise ou de tuile sont bien préférables. Quel que soit le mode de couverture adopté, on devrait toujours laisser, entre la toiture et le plafond de l'étage supérieur, un intervalle dans lequel l'air puisse librement circuler.

331. Examinons maintenant l'habitation au point de vue de l'aménagement et de la distribution de ses diverses parties.

Les plafonds doivent être partout élevés de trois mètres au moins au-dessus du parquet. On ne se soumet plus qu'exceptionnellement à cette condition, et c'est chose extrêmement regrettable.

Les pièces dans lesquelles un petit nombre de personnes ou même une seule séjournent longtemps doivent être spacieuses; et cela d'autant plus qu'elles se trouvent, d'ailleurs, dans des conditions moins favorables à l'accès de la lumière et au renouvellement de l'air.

332. La cuisine et la salle à manger doivent être,

autant que le permet la configuration des lieux, séparées des autres parties de l'habitation. Il s'y produit des émanations organiques qui exigent, de temps en temps, un renouvellement très-actif de l'air auquel il est inopportun de faire participer les locaux dans lesquels on se tient habituellement.

333. La chambre à coucher comporte des indications spéciales. Nous verrons bientôt qu'il est difficile de la ventiler convenablement ; elle doit donc être aussi vaste que possible. Il faut éviter d'y accumuler les meubles ; la chauffer avec une cheminée ou à l'aide de bouches de chaleur amenant l'air du dehors ; ne pas y manger, et n'en pas faire son séjour ordinaire.

Les alcôves, lorsque leur établissement est justifié par la nécessité d'éviter au lit des courants d'air, ce qui est un cas exceptionnel, doivent être spacieuses et largement ouvertes. Les rideaux de lit sont des espèces d'alcôves qui favorisent la stagnation de l'air dans la partie de la pièce qui aurait le plus besoin d'être ventilée.

Les fenêtres de la chambre à coucher seront largement ouvertes tous les jours, afin d'y laisser pénétrer l'air et la lumière. On a cru remarquer que le séjour de nuit dans des chambres convenablement aérées d'ailleurs, mais qui ne recevaient pas de lumière pendant la journée, suffisait pour produire la chlorose et des fièvres typhoïdes.

334. Le cabinet de toilette n'existe pas dans les habitations modernes. Il devrait être disposé de façon à permettre d'y répandre l'eau largement, d'y faire à l'aise toutes les ablutions possibles, d'y prendre des douches

au besoin. Il faut que cette pièce soit facile à chauffer en peu de temps.

Le voisinage d'un cabinet de toilette à parois faïencées ou asphaltées, et dont le sol imperméable donnerait à l'eau un écoulement facile, serait sans aucun inconvénient pour la chambre à coucher.

335. Dans les maisons peu élevées, qui ne sont habitées que par un petit nombre de personnes, l'escalier est une dépendance peu importante au point de vue hygiénique. Mais il n'en est plus de même dans les maisons-casernes que la cherté des terrains fait construire aujourd'hui dans les grandes villes. Là, l'escalier est une cheminée fermée à sa partie supérieure, emprisonnant une sorte d'atmosphère commune, et devenant une cause d'infection miasmatique.

La précaution d'ouvrir les fenêtres par lesquelles prennent jour les escaliers n'est utile qu'autant que ces fenêtres ne donnent pas sur les cours étroites et fétides que l'on rencontre maintenant dans les maisons-casernes les plus somptueusement construites.

336. Les lieux d'aisances qui ne sont pas communs à plusieurs familles sont généralement assez bien tenus et assez bien construits pour n'être pas une cause d'infection. Des règlements de police contraignent, d'autre part, les propriétaires à entretenir les fosses en bon état. La substitution des fosses mobiles aux fosses à demeure tend encore à améliorer la situation actuelle, en même temps qu'elle diminue considérablement les dangers auxquels sont exposés les vidangeurs.

337. Les eaux ménagères s'écoulent par les ruisseaux dans les égouts ou sont reçues dans des puisards.

Toutes les fois qu'on pourra éviter l'établissement des puisards, il faudra le faire. Lorsqu'il est impossible d'éloigner les eaux ménagères, il est nécessaire de désinfecter de temps en temps les puisards.

328. A l'aménagement des habitations se rattachent les questions fort importantes et connexes du chauffage, de l'éclairage et de la ventilation.

Ces questions ont été étudiées surtout à l'occasion des édifices publics, dans des conditions trop spéciales pour que la construction des habitations privées en ait pu profiter.

Dans les maisons particulières, ce n'est qu'accidentellement que l'éclairage contribue au chauffage ou à la ventilation. Nous n'avons donc à l'examiner ici que comme cause de viciation de l'air. Quel que soit le mode d'éclairage artificiel adopté, la lumière est toujours produite par une combustion ; elle dépense, par conséquent, une certaine quantité d'oxygène qu'elle remplace par de l'acide carbonique et de la vapeur d'eau. Lorsque la combustion que produit la flamme n'est pas parfaite, une partie du corps combustible subit une distillation qui répand dans l'atmosphère une petite quantité d'hydrogène carboné et d'oxyde de carbone. Ces derniers gaz étant toxiques, on devra donner la préférence aux sources d'éclairage dans lesquelles la combustion se fait le plus complétement : les bougies stéariques et les bonnes lampes à huile sont très-satisfaisantes à cet égard. L'éclairage au gaz n'a pas les mêmes avantages, ce qui tient à l'imperfection des procédés de préparation de ce corps combustible, et, sans doute aussi, des appareils dans lesquels on le brûle. Les produits de la combustion du gaz d'éclairage ont été, d'ailleurs, peu étudiés jusqu'ici, et c'est à l'odeur qu'on reconnaît généralement qu'elle est incomplète.

339. Les mouvements de l'air destinés à en opérer le renouvellement sont déterminés, dans les édifices publics, ou par des moyens mécaniques, ou par la chaleur.

Dans les habitations privées, on s'en tient aux procédés dans lesquels la ventilation est associée au chauffage.

Quel que soit le moyen de ventilation employé, il détermine dans le local à assainir des courants latéraux, ascendants ou descendants.

C'est par des courants latéraux dirigés des portes et des fenêtres vers les cheminées ou les poêles que sont ventilées aujourd'hui les pièces de nos appartements. C'est là une condition essentiellement défectueuse, qui expose à tous les accidents qui sont la conséquence si commune du refroidissement par les courants d'air.

La ventilation par courants ascendants est assez répandue pour avoir fait ses preuves : il est facile de se convaincre qu'elle ne vaut guère mieux que la ventilation par courants latéraux.

C'est à la ventilation par courants descendants, ou *en contre-bas*, qu'il faudrait avoir recours dans les locaux habités. Dans ce système, l'air neuf arrive en un ou plusieurs points de la partie supérieure de la pièce à assainir, tandis que l'air vicié est évacué par des bouches percées dans le parquet ou à la partie inférieure des parois latérales.

340. Il reste à examiner comment il conviendrait de distribuer ces courants descendants dont la direction est presque inévitablement oblique.

A cet égard, il est impossible de formuler des indications un peu précises, et la configuration des lieux aura nécessairement une grande influence sur les décisions à prendre. Nous avons remarqué, toutefois, que des différents courants obliques auxquels on peut être exposé, les moins pénibles sont ceux qui arrivent de front.

Par exemple, dans une salle à manger dont le milieu serait occupé par une table, il conviendrait de faire déboucher l'air neuf par le point du plafond qui correspond au centre de la table, et d'évacuer l'air vicié par des bouches distribuées autour de la salle.

341. Quel que soit l'agent employé pour mettre l'air en mouvement, la ventilation peut se faire de deux manières. Tantôt il y a *aspiration* de l'air vicié, aspiration qui tend à produire un vide que vient combler l'air extérieur ; c'est là la ventilation par *appel*. Tantôt l'air pur est poussé dans le local à ventiler, d'où il chasse une plus ou moins grande quantité d'air vicié : on dit alors que la ventilation se fait par *refoulement* ou par *injection*. Les deux systèmes sont quelquefois employés simultanément.

342. Voyons maintenant comment on tire parti des moyens de chauffage pour ventiler.

La chaleur est produite dans les cheminées, dans des poêles et dans des calorifères. Les chauffages à l'eau et à la vapeur ne sont guère employés que dans les établissements publics.

La cheminée est le foyer le plus agréable, le plus salubre, mais aussi le moins économique. Dans les cheminées ordinaires, un dixième seulement de la chaleur produite est utilisé pour le chauffage. Les cheminées ventilent par *appel*.

Le poêle chauffe plus que la cheminée; mais il ventile mal, en raison de la faible quantité d'air qu'il débite. Souvent même les poêles répandent des produits gazeux de combustions imparfaites, et sont une cause de viciation de l'air. On leur reproche, enfin, de déterminer autour d'eux une sécheresse trop grande, à laquelle on remédie en leur faisant chauffer de l'eau qui donne librement sa vapeur. En résumé, le poêle ne peut être considéré comme un agent de ventilation, et on doit le bannir des chambres à coucher, dans lesquelles il a quelquefois déterminé des asphyxies mortelles.

Les calorifères sont des poêles destinés généralement, non pas à chauffer le local dans lequel ils sont installés, mais à élever la température d'une certaine masse d'air qui les traverse sans alimenter leur foyer. Cet air, ordinairement pris au dehors par des tuyaux qui passent dans le calorifère, est ensuite distribué par ces tuyaux à des locaux qui sont ainsi chauffés et ventilés par *refoulement*.

343. Il est clair que tout foyer peut jouer le rôle de calorifère, et, en même temps qu'il chauffe une pièce et la ventile par *appel*, servir à chauffer et ventiler par *injection* une ou plusieurs autres pièces. Il suffit, pour cela, que la grille de ce foyer soit formée par des tubes creux prenant l'air au dehors et le conduisant dans les locaux à chauffer et ventiler par refoulement. On fa-

brique, depuis quelques années, des cheminées disposées de manière à remplir cette condition. C'est aux architectes à juger, d'après les indications à remplir, quel est pour chaque appartement le meilleur mode de distribution de la cheminée-calorifère et des conduits à air qui la traversent.

344. La combustion est, dans les divers foyers, d'autant plus active et d'autant plus efficace pour la ventilation, que le tirage est plus considérable, c'est-à-dire que le courant ascendant de l'air chaud s'établit plus facilement dans leur cheminée. Pour favoriser cette condition, on donne aux cheminées une forme conique, on les allonge, etc. ; mais, malgré ces précautions, malgré les chaperons à girouette, leur tirage est très-souvent contrarié par le soleil et surtout par le vent.

On évite d'une manière très-remarquable l'influence du vent en coiffant l'orifice supérieur de la cheminée d'une mitre Millet, véritable chapeau à fond plein, dont la surface latérale est criblée de trous percés de dedans en dehors à l'aide d'un poinçon qui ne détermine dans la paroi métallique aucune perte de substance. L'usage de ces mitres a permis, dans des localités très-exposées aux vents, d'utiliser pour la ventilation des cheminées dont on n'avait pu tirer jusque-là aucun parti.

IV

VÊTEMENTS.

345. L'importance du rôle hygiénique des vêtements est universellement reconnue; cependant on paraît s'être peu préoccupé de leur utilité lorsqu'on a adopté le costume actuel des peuples d'Europe, costume qui tend à se répandre chez toutes les nations civilisées.

Le retour à des usages mieux entendus semble rendu impossible aujourd'hui par des raisons absurdes, mais singulièrement puissantes. La docilité avec laquelle chacun calque ses faits et gestes sur ceux du plus grand nombre nous impose une sorte d'uniforme à la portée de tous, permettant à chacun, suivant l'heureuse expression d'Alphonse Karr, de se déguiser en quelqu'un de plus riche que soi. Le chapeau noir n'eût pas été porté deux ans si un chapeau de six francs ne ressemblait de loin, pendant quelques jours, à un de vingt. Cet accessoire du vêtement est incommode, malsain, disgracieux; mais la majorité croit avoir à sa conservation un intérêt d'amour-propre, et on ne peut le changer. La blouse, que portent encore chez nous les ouvriers, mais qu'on ne voit plus en Angleterre, est assurément le vêtement le plus commode et le plus sain lorsqu'elle recouvre une veste ou un gilet chaud ; eh bien, nous ne craignons pas d'affirmer qu'elle disparaîtra, parce que sa conservation pourrait amener la mode des blouses de luxe, et faire cesser ainsi l'égalité apparente entre les citoyens.

Les femmes se soucient généralement peu d'avoir un costume hygiénique; l'important pour elles est que le vêtement soit une parure. Cependant, ici encore, des raisons égalitaires, quelquefois d'accord, plus souvent en opposition avec les exigences de l'hygiène, ramènent un type uniforme. En effet, il faut dissimuler, chez toutes les femmes, les formes qui sont disgracieuses chez le plus grand nombre. Il faut, de même, faire porter à toutes les bandages qui ont pour but de remédier à des infirmités un peu répandues.

Recherchons, cependant, quel parti il est possible de tirer de cette situation sans s'exposer au reproche d'excentricité, et quelles ressources permettent d'améliorer le costume moderne sans y apporter de modification radicale.

346. Les matières qui entrent dans la confection des vêtements diffèrent beaucoup par leurs propriétés physiques; et il est important de faire entre elles un choix en rapport avec la destination des pièces d'habillement qu'elles doivent servir à fabriquer.

On emploie surtout le coton, la laine, le fil de chanvre ou de lin et la soie. Ces matières premières sont filées, puis tissées de manière à former des étoffes d'épaisseur et de consistance variables. Le genre de protection qu'elles offrent à l'organisme est en raison de la facilité plus ou moins grande avec laquelle elles conduisent la chaleur et probablement l'électricité, de leur couleur, de leur densité, de la quantité d'humidité qu'elles sont capables d'absorber sans paraître mouillées, de leur aptitude à s'imprégner des émanations miasmatiques.

347. La toile de lin conduit le mieux la chaleur; la

toile de coton vient ensuite, puis la soie et enfin la laine. Les vêtements de laine sont donc, toutes conditions égales d'ailleurs, ceux qui isolent le mieux; ils protégent le corps contre le refroidissement dans un milieu dont la température est inférieure à la sienne, et contre l'échauffement dans un milieu dont la température est élevée.

348. L'air est aussi un mauvais conducteur de la chaleur. Il en résulte qu'une même quantité de matière première, étant employée à la fabrication d'une même surface d'étoffe, donnera un tissu d'autant plus propre à garantir des variations de température, que ce tissu sera plus épais, et, par conséquent, moins serré.

Il résulte encore de la faible conductibilité de l'air que, dans une atmosphère calme, un vêtement ample protége mieux qu'un vêtement collant contre les températures extrêmes. Mais c'est un point sur lequel nous aurons à revenir quand il sera question de la forme des vêtements.

349. En même temps que les étoffes dont le corps est couvert agissent par leur nature sur les modifications calorifiques qu'il éprouve par voie de conductibilité, elles agissent par leur couleur sur les modifications calorifiques en rapport avec les phénomènes de rayonnement. Un vêtement extérieur blanc est capable de modérer très-efficacement l'échauffement du corps par les rayons solaires, échauffement qui est favorisé, au contraire, par les vêtements noirs.

On a prétendu qu'à la lumière diffuse la couleur blanche des tissus les rendait plus difficilement perméables à la chaleur, que celle-ci vînt de l'extérieur ou qu'elle émanât du corps. Des expériences directes ont montré que, pour les températures auxquelles est exposé ordinairement l'organisme, cette influence est difficilement appréciable.

350. Tous les tissus absorbent une certaine quantité de la vapeur d'eau qui se trouve dans le milieu ambiant. Tant que cette absorption reste suffisamment faible, on dit que l'humidité du tissu est *latente*, en ce sens qu'elle ne modifie pas d'une manière appréciable l'aspect de l'étoffe, et que celle-ci ne mouille pas les corps avec lesquels on la met en contact.

Il est clair qu'à ce point de vue l'étoffe la plus avantageuse est celle qui a le pouvoir d'absorption le plus considérable. La laine vient en première ligne, puis le chanvre et enfin le coton.

Portée sur la peau, la laine absorbe à l'état latent la partie liquide des excrétions cutanées. Cette absorption a lieu, en outre, sans déperdition immédiate de calorique pour le corps.

Cette grande capacité d'absorption de la laine ne s'exerce pas seulement sur la vapeur d'eau, mais sur les vapeurs, les gaz, les émanations de toute sorte qui se trouvent répandus dans l'atmosphère. On regarde généralement les vêtements de laine comme étant, bien plus fréquemment que les autres, le véhicule des principes contagieux.

351. Si nous voulons maintenant tirer de ces données générales des conclusions pratiques, nous serons conduit à reconnaître :

1° Qu'en raison du pouvoir isolant de l'air et de la

laine, *deux vêtements, l'un collant, l'autre ample,* sont utiles, *en été au moins autant qu'en hiver.* L'un de ces vêtements devra être en laine ;

2° Qu'en raison de la faculté d'absorption que possède la laine, on doit l'employer dans la confection du *vêtement appliqué sur le corps.* Le vêtement extérieur sera, pour la raison inverse, en fil, en coton, ou mieux en soie ;

3° Qu'enfin, le vêtement appliqué sur le corps étant d'une couleur quelconque, le *vêtement ample,* blouse, douillette ou burnous, *doit être blanc ou de couleur claire,* au moins pendant l'été.

352. L'expérience conduit à apporter à ce plan de vêtement de légères modifications en rapport avec des conditions dont nous n'avons pas encore parlé.

En contact avec la peau, la laine a une action irritante due, soit à sa consistance, soit à ce qu'on ne la renouvelle pas assez souvent et à ce qu'elle se sature rapidement des produits de l'excrétion cutanée. Toujours est-il que, depuis que l'usage du linge de corps s'est répandu, les maladies de peau sont moins communes. On portera donc, à moins de conditions spéciales qui seront examinées plus loin, une chemise de toile ou de coton en rapport immédiat avec la peau. C'est par-dessus cette chemise que sera mis le vêtement de laine. Quant à la chemise, dont le pouvoir absorbant est beaucoup moindre que celui de la laine, il est important de la changer souvent et de quitter pendant la nuit celle qui a été portée le jour.

Les mêmes raisons doivent conduire à adopter l'usage de caleçons légers de fil ou de coton, et à étendre ainsi aux jambes le genre de protection que donne la chemise au tronc.

353. L'usage de la *flanelle* portée sur la peau convient aux personnes à poitrine délicate, à celles qui sont sujettes aux diarrhées ou qui sont atteintes de quelques-uns des vices de nutrition dans lesquels les fonctions de la peau ne s'accomplissent pas convenablement. Cette habitude sera quelquefois utile aux enfants, qui se refroidissent facilement, et presque toujours aux vieillards, qui s'échauffent difficilement et sont très-sensibles aux variations de température.

L'usage de la flanelle n'est efficace qu'à la condition de la changer souvent. On pourrait la remplacer par une mousseline épaisse.

354. Les *bas* et les *chaussettes* sont le linge de corps des pieds; ils absorbent les produits de la transpiration, et sont à ce titre très-avantageux, à la condition toutefois qu'ils seront changés souvent. Les bas ont l'inconvénient d'exiger, pour rester en place, qu'on les maintienne à l'aide de jarretières. C'est là un inconvénient très-sérieux, mais auquel nous ne voyons guère comment remédier.

355. Le *gilet* et l'*habit* ne peuvent être considérés comme deux vêtements distincts; ils se complètent l'un l'autre de manière à envelopper le tronc dans une gaîne de laine.

Le seul reproche qu'on puisse adresser à l'habit actuel est qu'il manque d'élégance; il protége d'ailleurs suffisamment les reins, laisse parfaitement libres les mouvements des jambes, et se montre, à ce double titre, préférable à la veste et à la redingote.

356. Dans les campagnes, on porte par-dessus l'habit la blouse bleue ou blanche, en toile de fil ou de coton. C'est assurément le meilleur des paletots.

On pourrait faire des blouses de soie, en varier la forme sans en diminuer l'ampleur, et mettre ainsi à la portée des gens riches le vêtement le plus hygiénique qui nous soit resté.

Les gens aisés ou intéressés à le paraître remplacent la blouse par des *paletots*, qui ont sur elle le désavantage d'être moins amples, d'être ordinairement de couleur foncée, enfin d'être de laine. Les paletots épais, garnis de fourrure ou doublés de ouate, sont cependant un bon vêtement dans la saison d'hiver ; mais l'épreuve comparative montre que, dans cette saison même, ils l'emportent de bien peu sur la blouse ordinaire.

357. Depuis quelques années, on fabrique beaucoup de manteaux avec des toiles fines rendues imperméables à l'humidité par un enduit de caoutchouc. Les manteaux imperméables garantissent très-bien de la pluie. Ils préservent en outre contre le refroidissement, en empêchant l'évaporation des produits de la perspiration cutanée. Cette dernière raison doit les faire rejeter d'une manière absolue par les personnes qui marchent ou se livrent à un exercice musculaire : les produits vaporeux de la transpiration, saturant un espace clos d'une température relativement élevée, font prendre à ces personnes un véritable bain de vapeur, et les exposent à un refroidissement brusque lorsque, fatiguées par la chaleur incommode de ce bain, elles quittent leur manteau imperméable.

Cet inconvénient des étoffes imperméables est d'autant plus grand qu'on les porte de préférence quand il pleut, c'est-à-dire .quand il ne fait pas très-froid.

Les manteaux de caoutchouc peuvent être recommandés aux individus qui restent exposés sans mouvement à la pluie, aux cochers et quelquefois aux cavaliers.

358. Examinons maintenant les pièces d'habillement dont l'influence est surtout en rapport avec leur forme ou leur mode d'application.

Le *pantalon* protége le ventre, les cuisses et les jambes contre le froid. Il est essentiel de maintenir le ventre à une température douce; les cuisses sont moins sensibles à l'action du froid; les jambes le sont à peine. Les femmes ne portent généralement pas de pantalon, et c'est à tort.

Beaucoup de personnes font tenir le pantalon au moyen d'une ceinture serrée au-dessus des hanches. Cette constriction comprime l'estomac et le foie, gêne la circulation veineuse du ventre, et ne peut être que très-préjudiciable aux individus dont l'appareil digestif n'est pas dans un état d'intégrité parfaite, aux gastralgiques, à tous les dyspeptiques, à tous ceux qui sont sujets à la constipation, exposés aux hémorrhoïdes ou prédisposés aux hernies. Quelque gênantes que paraissent parfois les bretelles, notamment pendant l'été, elles sont nécessaires pour soutenir le pantalon.

359. Le *corset* des femmes a tous les inconvénients de la ceinture, et en présente plusieurs autres qui lui sont propres.

Par son action sur la circulation abdominale et sur les organes digestifs, il contribue à favoriser les constipations par atonie, auxquelles les femmes ne sont déjà que trop sujettes.

Refoulant en bas les viscères abdominaux, le corset exerce sur la matrice une compression qui l'immobilise dans des positions souvent vicieuses. Il produit ou aggrave ainsi les flexions et versions utérines, affections très-pénibles et d'une fréquence que les médecins euxmêmes sont loin de soupçonner.

Enfin, le corset déforme la cage thoracique, et ne peut manquer de porter atteinte aux fonctions des organes qu'elle renferme : les poumons et le cœur. Dans les cas où existent des maladies de ces organes, le corset doit forcément être abandonné; mais il est regrettable qu'on attende toujours, pour le mettre de côté, qu'il ait concouru à produire des désordres graves.

360. Tandis que la dilatation de la poitrine se fait, surtout chez l'homme, par l'élévation des côtes inférieures et par l'abaissement du diaphragme, les côtes supérieures y prennent, chez la femme, la plus large part. On s'est demandé si cette différence était naturelle ou si elle était due à l'usage du corset, si elle se rattachait à des accidents qu'on pût définir exactement. Mais ce sont là des questions qui n'ont pas été résolues, non plus que celle de l'action du corset ordinaire, que conservent beaucoup de femmes grosses, sur le produit de la conception. On est d'accord pour reconnaître que le travail de l'enfantement en est rendu plus pénible; mais on ignore quel genre d'influence il exerce sur le développement du fœtus.

361. Bien que des auteurs fort recommandables aient tracé le plus sombre tableau des effets du corset, nous

ne l'attaquerons pas davantage au nom de l'hygiène, persuadé que le temps consacré à l'accomplissement de ce devoir est du temps perdu. C'est à la coquetterie de nos lectrices que nous nous adressons :

Le corset est un bandage utile, lorsqu'il est bien construit, pour maintenir des échines déviées ou des seins trop volumineux et tombants. Mais une femme bien faite, et il y en a encore, ne peut être que déformée par cet instrument. Dans les pays où les tailles droites, souples et élégantes sont communes, le corset, baleiné ou à busc métallique, est à peu près inconnu.

C'est donc un appareil à proscrire d'une façon absolue comme pièce de vêtement ; on le remplacera toujours avec avantage, pour maintenir des seins ou un ventre qui ont besoin d'être soutenus, par un justau-corps de toile qui, se moulant sur les parties, les comprime également sans les étreindre et sans les froisser.

Le seul mérite du corset est d'offrir aujourd'hui un support aux jupons. Ceux-ci, légers, courts et peu nombreux, seraient sans inconvénient ; mais ils représentent actuellement une telle quantité d'étoffe, que leur poids concourt avec l'action du corset à affaisser le ventre. Quant aux incendies, qui sont depuis quelques années la conséquence du développement exorbitant des jupons, ils corrigeraient peut-être celles qui en ont été victimes si elles survivaient à leurs brûlures. Pour les autres, ces avertissements n'existent pas.

362. Ce n'est pas seulement en Chine que la coquette-rie déforme les pieds de manière à rendre la marche impossible ou très-pénible ; mais les résultats auxquels on arrive par l'usage des chaussures trop petites sont

trop en opposition avec ceux qu'on en espérait, et sont d'une réalisation trop prochaine pour qu'il soit nécessaire d'insister sur leurs inconvénients. La chaussure doit être assez étroite sans l'être trop, ne comprimer ni le cou-de-pied ni le talon, et surtout être *assez longue*. Pour qu'un soulier soit assez long, il faut qu'il dépasse de trois centimètres *au moins* la longueur du pied, le bout de la chaussure étant rempli avec un tampon de ouate qu'on renouvelle quand elle a perdu son élasticité. C'est aux chaussures trop courtes, bien plus qu'à celles qui sont étroites, qu'il faut attribuer les déformations si communes des orteils, et l'affection connue sous le nom d'*ongle incarné*.

363. Lorsqu'on doit séjourner dans des lieux humides, les semelles épaisses, garnies de liége ou de bois, sont très-utiles. Il importe de maintenir les pieds secs plutôt que chauds. Aucune chaussure ne réchauffe d'une manière bien sensible les personnes qui ont naturellement les pieds toujours froids ; chez elles, on devra recourir à d'autres moyens, particulièrement aux lotions fréquentes à l'eau fraîche.

Les chaussures en caoutchouc sont une innovation fâcheuse ; elles mettent obstacle à l'évaporation de la transpiration, et tiennent les pieds humides, quelle qu'en soit la température. La sensibilité excessive qu'elles déterminent, par suite de la macération qu'elles font subir aux pieds chez les personnes qui marchent beaucoup, y fera d'ailleurs très-probablement renoncer.

364. L'usage des *cravates* n'est pas d'origine très-ancienne; il a été, en somme, plus nuisible qu'utile.

Les cravates roides, baleinées, gênent considérablement la circulation du cou, et prédisposent ainsi aux accidents cérébraux. On leur a attribué aussi la grande fréquence des engorgements ganglionnaires chez les militaires.

Les cravates chaudes et les cache-nez maintiennent le cou et le bas du visage à une température élevée, et dans un état de moiteur qui exagèrent l'impressionnabilité de la peau de ces parties. Utiles aux personnes valétudinaires, les cache-nez doivent être rejetés par les gens bien portants.

Aujourd'hui, la cravate n'est le plus souvent qu'un ruban tout à fait exempt d'inconvénients.

365. Les *voiles* de tulle ou de gaze que les femmes attachent à leur chapeau, et dont elles se couvrent le visage, modèrent le vent et l'intensité trop grande de la lumière, sans gêner la respiration ; ils arrêtent, en outre, les poussières, et sont une bonne chose.

366. Les *gants* de peau ménagent la souplesse de la peau des mains et protégent contre le froid. Les gants de fil ou de soie n'ont aucun de ces avantages : on les adopte l'été par habitude d'avoir les mains couvertes. C'est pour des raisons étrangères à l'hygiène qu'on impose, en toute saison, l'usage des gants de fil aux domestiques et aux militaires.

367. Le *chapeau* noir est le corset de la tête, qu'il comprime sans l'abriter. Son peu de perméabilité fait qu'il entretient au-dessus des cheveux un espace sans communication avec l'extérieur, dans lequel le crâne prend des bains de vapeur qui vraisemblablement ne sont pas toujours étrangers à la chute des cheveux, et amènent une susceptibilité qui prédispose aux rhumes.

Par quoi remplacer le chapeau ? — Par n'importe quelle coiffure autre que le casque, le shako ou le bonnet à poil.

La meilleure coiffure sera souple, d'un tissu léger et perméable à l'air. Les tissus feutrés ne valent rien ; une étoffe de laine l'hiver, un tissu de paille ou de soie l'été, doivent être préférés.

368. La chevelure est la coiffure la plus naturelle, et on se trouvera bien de l'habitude de rester la tête nue toutes les fois que cela est possible. Aux enfants qui n'ont encore que peu de cheveux on mettra des bonnets de linge légers. La perruque ou la calotte conviennent aux personnes chauves qui craignent le froid à la tête. La manière dont les femmes arrangent leurs cheveux laisse peu couvert le milieu de la tête, et les oblige quelquefois à porter des bonnets légers.

369. Dans le *lit*, on ne doit conserver qu'une chemise longue de fil ou de coton. Il faut habituer de bonne heure les enfants à dormir tête nue.

Les draps du lit seront de toile en été ; ceux de coton sont peut-être préférables l'hiver. En toute saison, ils seront changés souvent.

Une au moins des couvertures doit être de laine ; les autres peuvent être de coton. On néglige trop généralement de faire nettoyer de temps en temps les couvertures.

Les meilleurs matelas sont ceux de crin ; on y fait entrer souvent un mélange de crin et de laine, plus souvent encore la laine seule.

Les oreillers et traversins de crin exposent moins la tête à une chaleur incommode que ceux de laine ou de plume.

Les matelas de plume doivent être proscrits d'une manière absolue ; ils font le lit trop mou, y entretiennent une chaleur excessive et une moiteur toujours préjudiciable.

Les sommiers élastiques dont les ressorts sont à nu sont préférables aux anciennes paillasses et aux lourds sommiers garnis, par-dessus les ressorts, d'une foule de substances malpropres destinées à imiter la laine ou le crin.

Dans les cas où un coucher frais est jugé nécessaire, on remplit les matelas de feuilles de zostère.

TROISIEME PARTIE

LA MALADIE

NOSOLOGIE.

de
ne
de
tr
ve
qu
in
es
bl
m
pl
po
de
à
de
so
ni
p

370. Bien que notre but n'ait jamais été de faire ici de la médecine, il nous semble impossible d'abandonner l'esquisse que nous avons présentée du mécanisme de la *vie* et des conditions de la *santé*, sans indiquer les traits les plus généraux de l'état maladif.

La maladie n'est plus la santé ; cependant il est souvent difficile de les distinguer l'une de l'autre, et presque toujours, sinon toujours, impossible de préciser le moment où l'une va faire place à l'autre. La maladie est encore la vie ; et pourtant elle peut être incompatible avec sa prolongation. La maladie constitue donc une manière d'être dont les rapports avec les conditions physiologiques précédemment étudiées sont trop étroits pour ne pas devoir nous arrêter un instant. Les considérations très-générales dans lesquelles nous aurons à entrer à ce sujet nous fourniront d'ailleurs l'occasion de toucher au côté philosophique des questions que soulève l'étude de la vie, et, ne fût-ce qu'à ce titre, nous espérons qu'on ne les regardera pas comme dépourvues d'intérêt.

CHAPITRE IX

DE LA MALADIE EN GÉNÉRAL ET DES DOCTRINES MÉDICALES

I

DE LA MALADIE EN GÉNÉRAL.

371. On a donné au sujet de *la maladie* un grand nombre de définitions; nous n'en reproduirons aucune et n'en proposerons pas une nouvelle. Il est certains ordres de faits complexes dont la notion ne saurait se déduire d'une définition toujours difficile, quelquefois impossible, et dont chacun des termes aurait besoin d'être défini à son tour. La *vie* et la *maladie* sont dans ce cas. L'observation journalière en donne à chacun une idée qui, pour n'être pas exprimable en langue vulgaire, n'en est pas moins exacte et nette. Il n'est personne, en effet, qui, en présence de certaines anomalies fonctionnelles ou de certaines lésions matérielles, ne déclare malade ou exposé à le devenir le sujet chez lequel on les rencontre.

372. Dans un grand nombre de cas, une lésion maté-

rielle (plaie, tumeur, déformation) semble être toute la maladie. On l'appelle alors *affection*, réservant ce terme pour désigner un état physique anormal, plus ou moins étendu, mais localisé et ne troublant pas d'une manière appréciable l'harmonie générale des fonctions.

Lorsque l'harmonie physiologique est troublée, cette perversion se manifeste par des anomalies fonctionnelles auxquelles on donne le nom de *symptômes*.

Dans les habitudes du langage médical, on réserve généralement le nom de *maladies* aux états dans lesquels le trouble physiologique s'étend à l'ensemble des fonctions. C'est ainsi que dans les *fièvres*, qu'on peut prendre comme type de la *maladie*, les symptômes accusent une perturbation plus ou moins profonde de l'ensemble des grandes fonctions : circulation, sécrétions, absorptions, sensibilité, motricité.

373. En observant les malades, on ne tarde pas à reconnaître que les symptômes se montrent rarement à l'état d'isolement, mais qu'ils se combinent entre eux et avec des lésions physiques ; que leur mode de groupement n'est pas quelconque, mais arrive à offrir, à un examen superficiel, un nombre limité de types. On a donné des noms à la plupart de ces groupes ; on les a décrits comme maladies distinctes ; enfin, on les a étudiés aux points de vue de leurs causes, de leur marche, de leur mode de terminaison, de leur plus ou moins de gravité, et on les a classés par familles naturelles en se fondant sur les traits de ressemblance qu'on croyait voir entre eux. En un mot, les médecins ont fait pour les maladies ce que les botanistes avaient fait pour les plantes, et les zoologistes pour les animaux. C'est à l'his-

toire naturelle des maladies qu'on a donné les noms de *pathologie* ou de *nosologie*.

374. DIAGNOSTIC ET PRONOSTIC. — En présence d'un malade, il est nécessaire, avant de songer à combattre son mal, de chercher à en connaître aussi bien que possible la nature et la cause. Il est aussi fort important de prévoir, au cas où la maladie serait abandonnée à elle-même, quelles en seraient la marche et la terminaison probables, afin d'apprécier sainement l'influence des modificateurs qu'on lui oppose.

La recherche des causes et de la nature d'une maladie constitue le *diagnostic*. Le *pronostic* consiste dans l'appréciation de sa marche, de sa durée et de sa terminaison probables.

375. Les données sur lesquelles reposent le diagnostic et le pronostic sont fournies par l'observation des symptômes, par celle des altérations matérielles qu'éprouvent certains organes, et par le rapprochement qu'on peut faire entre ces signes physiologiques et physiques, et quelques notions relatives tant au sujet malade qu'à la maladie dont il est atteint.

Relativement aux conditions qu'offre le malade, on aura à tenir compte de la constitution, du tempérament, de ces prédispositions individuelles auxquelles on a donné le nom d'idiosyncrasies, de l'existence d'une partie faible prédisposée à s'affecter, du rôle des maladies antérieures dans la genèse de ces prédispositions, des prédispositions morbides liées à des conditions de famille, d'hérédité, de mariage ou de célibat, d'âge, de sexe. Il faudra enfin se préoccuper des habitudes, des occupations, de la manière de vivre.

Relativement aux conditions générales qui peuvent, indépendamment de l'état du malade, influer sur sa maladie, le médecin doit tenir compte de la constitution régnante, des influences endémiques ou épidémiques; en un mot, des conditions extérieures communes ou spéciales qui peuvent établir une simple prédisposition ou déterminer l'explosion des maladies imminentes, ou enfin suffire à elles seules pour les produire.

L'importance des conditions physiologiques individuelles au point de vue de l'harmonie fonctionnelle a été établie précédemment (chapitre IV). Le rôle des influences extérieures à l'individu a été examiné dans la deuxième partie. Nous n'avons donc pas à y revenir ici.

Quant à l'étude des signes physiques par lesquels on reconnaît l'existence de certaines altérations matérielles des organes, elle sortirait du cadre que nous nous sommes tracé. Elle exige d'ailleurs des connaissances spéciales précises que possède seul le médecin.

376. SIÉGE DES MALADIES. — Lorsqu'on envisage les maladies au point de vue de leur siége, il y a lieu de les distinguer tout d'abord en *locales* et *générales*, les premières étant bornées à un point circonscrit du corps, les autres s'étendant à l'ensemble de toutes les fonctions, ou aux fonctions accomplies par quelqu'un des systèmes généraux (sanguin, nerveux, musculaire, etc.) dont on trouve les éléments dans toutes les parties. C'est en vue de cette distinction qu'on a proposé de comprendre différemment les mots *affection* et *maladie*, l'affection répondant au désordre local, et la maladie au trouble général.

Les affections locales peuvent se généraliser ou provoquer des troubles généraux. C'est ainsi qu'on a admis que le sang qui baigne certaines plaies pouvait s'y charger de principes putrides, et infecter ensuite toute l'économie. C'est encore ainsi que la douleur causée par le séjour d'une épine dans le pied, par exemple, peut agir assez vivement sur les centres nerveux pour y provoquer une action réflexe qui modifie la circulation, les sécrétions, et détermine des troubles généraux.

377. Toutes les parties de l'organisme peuvent être attaquées de maladie. Toutefois il est fort difficile, dans un grand nombre de cas, d'indiquer le siége réel du mal. Beaucoup de maladies, en effet, se manifestent par des vices de nutrition qui ne sont que le résultat de quelque altération des fonctions d'un système général ou d'un organe intérieur. Il y a donc lieu, le plus souvent, de distinguer le siége réel des maladies de leur siége apparent. Nous pensons qu'on a méconnu ce fait lorsqu'on a dit ou répété que la peau et les surfaces muqueuses, en rapport avec l'extérieur, étaient les parties du corps les plus fréquemment malades. On pouvait tout au plus dire que c'est surtout par des modifications des fonctions qu'accomplissent ces parties que les maladies se manifestent.

378. Certaines maladies ont un siége fixe : le point primitivement malade reste seul affecté d'une manière durable, soit que son état n'entraîne aucun désordre général, soit qu'il provoque quelqu'un de ces troubles réflexes généraux ou éloignés qu'on a longtemps nommés *sympathiques*, parce qu'on les rattachait à une sorte de sympathie physiologique en vertu de laquelle certains organes auraient été disposés à souffrir ensemble.

Dans d'autres cas, un trouble d'abord général aboutit à une maladie localisée dans un organe déterminé. Nous verrons, en nous occupant des causes des maladies, quelles conditions amènent ce résultat.

Dans d'autres cas, enfin, le siége de la maladie semble mobile : après avoir envahi un point, le mal le quitte pour se porter sur un autre qu'il quittera à son tour, soit pour revenir au premier, soit pour se jeter sur un troisième. Lorsqu'existe cette mobilité, qu'on rencontre notamment dans certains rhumatismes, il s'agit d'une maladie générale dans laquelle les manifestations locales ne sont qu'un phénomène secondaire.

379. On a enfin reconnu que l'âge prédisposait à certaines localisations des maladies. Ainsi l'enfance est plus exposée aux affections du cerveau, c'est-à-dire de la tête. Les maladies des organes contenus dans la poitrine sont fréquentes surtout dans la jeunesse ; celles du ventre dans l'âge mûr. La vieillesse ne nous paraît pas avoir de maladies qui lui soient spéciales. Les maladies des vieillards tiennent surtout à la faiblesse de quelque partie relativement plus usée, et elles apparaissent presque exclusivement sous l'influence de causes extérieures accidentelles. Les vieillards ont, plus que les autres, à redouter les accidents ; mais, s'ils savent s'en garantir, les chances de maladie sont pour eux relativement peu considérables. Parmi les parties faibles qui peuvent, à la moindre occasion, devenir, dans un âge avancé, le siége de quelque affection grave, on doit citer surtout l'appareil vasculaire du cerveau, la poitrine, et, chez les hommes, les voies urinaires.

380. FORMES DES MALADIES. — Envisageant les mala-

dies d'une manière générale, on leur a appliqué quelques dénominations que nous devons indiquer parce qu'elles sont fort usitées, bien qu'elles ne répondent pas toujours à des caractères très-précis.

On a déjà vu la distinction faite entre les maladies *générales* et *locales*. On prévoit qu'il n'est guère de maladies purement locales, et que, dans le plus grand nombre des cas, les accidents locaux produiront par mécanisme réflexe des phénomènes généraux. Les termes de maladies locales ou générales indiquent seulement l'importance relative des troubles locaux et des phénomènes généraux.

381. Une autre distinction, très-utile quoique reposant encore sur des caractères extrêmement mobiles, est celle qui sépare les maladies en *aiguës* et *chroniques*. On a basé cette distinction, tantôt sur la durée plus ou moins longue des maladies, tantôt sur l'intensité relative des désordres locaux et des accidents généraux. Les maladies chroniques consistent en un vice de nutrition qui lentement, petit à petit, arrive à être ce qu'on le voit. Il semble que, en raison de la marche lente de ces maladies, l'organisme s'accoutume au vice de nutrition qui les constitue ; que, grâce à cette accoutumance, les phénomènes réflexes soient conjurés ou au moins atténués ; et que, par suite, ces maladies ne conservent sur l'état général que l'influence directe que leur assigne l'importance des actes immédiatement compromis par elles. Dans les maladies aiguës, au contraire, toutes les fonctions sont plus ou moins intéressées, dès le début, au trouble causé dans l'organisme par une condition qui, ayant pu agir d'abord localement, n'a pas tardé à reten-

tir sur toute l'économie. Enfin, il n'est pas rare d'observer passagèrement, dans le cours d'une maladie chronique, les phénomènes caractéristiques de l'état aigu.

382. Quant à la distinction des maladies en *médicales* et *chirurgicales*, elle est fondée sur la nature des moyens thérapeutiques qu'on leur oppose. L'intervention manuelle ou mécanique est généralement regardée comme chirurgicale. Nous croyons qu'il est plus rationnel de regarder comme modificateurs médicaux tous ceux dont le but est d'agir sur les propriétés vitales de la matière, et comme agents chirurgicaux ceux qui s'adressent aux propriétés physico-chimiques communes aux êtres vivants et aux corps bruts.

383. MARCHE ET DURÉE DES MALADIES. — Il est impossible de rien formuler de général relativement à la durée et à la marche des maladies. Les traits les plus importants sont ceux que nous avons indiqués à propos de la distinction des maladies en aiguës et chroniques.

On a admis dans les maladies aiguës différentes périodes : accroissement, état, déclin. Il est certain que, lorsque les maladies guérissent, ceux qui en sont atteints partent de la santé pour devenir malades, et reviennent ensuite à la santé; mais il y a loin de cette notion naïve à la marche régulière que suppose une division en trois périodes définies. Il suffit de rappeler que les maladies dites aiguës sont, en général, moins longues que les maladies chroniques.

384. Les maladies qui offrent la marche la plus régulière sont celles à type *périodique*. Des accès, constitués par les accidents caractéristiques de l'état aigu

14.

(fièvre ou douleur), sont séparés par des intervalles durant lesquels le sujet se porte bien ou présente les signes d'une maladie chronique.

385. Certaines maladies doivent l'irrégularité de leur marche à des exacerbations auxquelles on a donné les noms d'*attaques* ou de *paroxysmes*. Ces exacerbations sont séparées par des périodes de santé relative, qui sont les *rémissions*.

386. La durée des maladies varie de quelques heures à toute la vie. Très-variable la plupart du temps, elle est à peu près fixe dans certaines maladies aiguës à type continu, notamment dans celles dites *spécifiques*, résultant vraisemblablement d'un empoisonnement miasmatique, et qui offrent une remarquable similitude de forme chez les divers individus.

387. TERMINAISONS DES MALADIES. — Les maladies se terminent par le retour à la santé, par la mort ou en faisant place à une autre maladie.

Dans la plupart des maladies aiguës, le retour à la santé est progressif et assez rapide. Les désordres fonctionnels diminuent peu à peu d'intensité; bientôt ils font place à la *convalescence*, état qui n'est plus la maladie, et n'est pas encore la santé : l'assimilation est encore peu active, les sécrétions peu abondantes; mais le malade éprouve un sentiment de bien-être; l'appétit est vif et a besoin d'être surveillé. La convalescence est, toutes choses égales d'ailleurs, d'autant moins longue que la maladie a elle-même duré moins longtemps, et que le patient a été moins épuisé par le traitement. Elle est plus rapide chez les jeunes sujets et au commencement de l'été. Enfin, elle peut être contrariée par des *rechutes*, par des *récidives*, par des *complications*.

388. La réapparition de la maladie avant le rétablissement complet constitue une *rechute*. Lorsque la maladie réapparaît un certain temps après la guérison, on dit qu'elle *récidive*. Le concours de deux maladies capables de s'influencer réciproquement, et dont la coexistence n'est pas nécessaire, constitue la *complication*.

Dans les maladies chroniques, le rétablissement est plus exposé à être traversé par des rechutes ou des complications que dans les maladies aiguës. En outre, la convalescence est beaucoup plus longue : le retour à la santé a lieu lentement et par degrés insensibles, comme avait eu lieu le passage de la santé à la maladie.

Quelquefois enfin, le retour à la santé a lieu, mais d'une manière incomplète. Quelques symptômes persistent qui, sans apporter un trouble notable dans l'exercice des fonctions, indiquent cependant qu'elles ne s'accomplissent pas dans des conditions normales. Tels sont la persistance de la maigreur, l'obésité, des douleurs, une coloration jaunâtre de la peau, des anomalies de quelques sensations spéciales, l'insomnie, des sueurs excessives, etc.

389. On voit souvent pendant les maladies aiguës, surtout dans la jeunesse et dans l'âge mûr, les phénomènes morbides s'apaiser tout à coup à la suite de quelque évacuation copieuse (sueur, diarrhée, urination, vomissement, hémorrhagie). Les anciens, qui voyaient dans les symptômes des maladies la manifestation d'un effort de l'organisme tendant à éliminer une matière nuisible,

considéraient les évacuations précédentes comme le résultat de cet effort, et leur avaient donné le nom de *crises*. L'explication laisse à désirer; mais les faits ont été bien observés. Les phénomènes critiques sont souvent favorables. Quelquefois cependant ils semblent indiquer l'épuisement de l'organisme qui, après avoir longtemps résisté à la destruction, cède tout à coup, et ils sont rapidement suivis d'une terminaison funeste. Quelquefois enfin les crises coïncident avec la substitution d'une maladie nouvelle à la première, substitution tantôt avantageuse et tantôt fâcheuse.

390. La terminaison par la mort a également lieu de plusieurs manières dans les maladies aiguës et chroniques. Elle arrive le plus souvent d'une manière progressive : le jeu des fonctions qui sont les plus compromises devient de plus en plus défectueux, jusqu'à ce que l'action d'un organe nécessaire à la vie se trouve définitivement enrayée. La lutte de l'organisme, survivant en quelque sorte à l'organe ou à l'appareil dont le fonctionnement a cessé ou est devenu tout à fait insuffisant, constitue l'*agonie*.

391. La terminaison d'une maladie par une autre maladie a reçu le nom de *métastase*. La métastase est tantôt fâcheuse et tantôt favorable. Rare dans les maladies chroniques, elle est assez fréquente dans les maladies aiguës.

L'apparition de la nouvelle maladie peut être purement accidentelle. C'est ainsi qu'une complication peut favoriser la guérison ou augmenter les chances défavorables.

Le passage de l'état aigu à l'état chronique, ou réciproquement, est encore un mode de terminaison de quelques maladies.

392. Causes des maladies. — Les causes prochaines des maladies sont de deux ordres : les unes sont inhérentes au sujet, les autres lui sont extérieures : toute maladie résulte du concours de deux causes appartenant à chacun de ces ordres; une seule serait insuffisante.

Les premières consistent dans les vices dont peuvent être entachées les conditions de l'évolution nutritive de l'individu. L'importance de cet ordre d'influences est très-variable : elles peuvent offrir toutes les nuances, depuis l'incompatibilité absolue avec la vie jusqu'au simple défaut de l'équilibre nutritif, qui constitue les prédominances fonctionnelles que nous avons vues donner naissance aux tempéraments. C'est à elles qu'il faut attribuer surtout l'existence des idiosyncrasies, d'une partie faible, la simple prédisposition morbide. Ces états prédisposants sont tantôt congénitaux (voy. *Longévité individuelle*) et tantôt acquis.

393. L'influence du milieu comme cause accidentelle de maladie est immédiate ou éloignée. Nous venons de tenir compte de son influence éloignée pour établir les prédispositions, et se transformer ainsi de cause extérieure en cause interne.

Comme cause extérieure de maladie, l'influence du milieu peut se manifester de deux manières. Tantôt elle suffit, le sujet étant dans certaines conditions prédisposantes favorables, pour produire une maladie bien déterminée, dont la physionomie et les phases peuvent être prévues jusqu'à un certain point lorsqu'on en connaît la cause. Tels sont les empoisonnements, certaines maladies contagieuses, les fièvres graves.

Dans le second cas, cette cause extérieure ne fera qu'occasionner un trouble général passager dont l'influence aura un retentissement durable sur quelque organe, ou sur quelque système de tissus prédisposé par les conditions de sa nutrition à devenir malade. C'est ainsi qu'un refroidissement auquel sont exposés plusieurs individus n'en rendra malades que quelques-uns, et produira chez ceux-ci des maladies très-diverses suivant la différence de leurs parties faibles, la variété de leurs prédispositions.

394. On s'explique ainsi comment il se fait que toutes les causes possibles puissent produire toute espèce de maladie.

La nature de la plupart des maladies accidentelles est sous la dépendance, bien moins de l'influence des causes extérieures qu'on a appelées *déterminantes*, que sous celle des irrégularités nutritives qui constituent les prédispositions.

Nous avons cependant rappelé tout à l'heure que certaines prédispositions, les prédispositions acquises, sont dues souvent à l'action lente et prolongée d'influences extérieures qu'on regarde, dans ce cas, comme *causes prédisposantes*.

Quant aux causes qui, comme les empoisonnements de toute nature, produisent une maladie déterminée, indépendamment de la prédisposition du sujet, qui peut seulement, en vertu de conditions diverses, opposer à leur action une résistance plus ou moins grande, ce sont celles auxquelles il convient de réserver le nom de *causes efficientes*.

Nous pensons qu'il n'est pas utile de pousser au delà la division des causes de maladie. Si l'on écarte les causes purement mécaniques, elles se réduisent : du côté du sujet, à une prédisposition acquise ou à un vice originel de nutrition ; du côté du milieu, à des causes physiques ou morales dont l'influence peut, lorsqu'elle se prolonge, établir une prédisposition, ou qui déterminent la maladie du tissu ou de l'organe prédisposé à s'affecter, — ou à des causes efficientes produisant une maladie qui a une physionomie propre, et dont les conditions organiques du sujet n'influencent le type qu'au même degré que la nature du sol influence le développement des graines qui y sont enfouies.

Nous ne nous étendrons pas davantage ici sur les caractères et la nature des causes que nous venons de classer en trois groupes. Les *prédispositions* ont été indiquées chap. IV (*Hérédité, Idiosyncrasies, Tempéraments, etc.*) ; les causes déterminantes l'ont été chap. V, VI, VII, VIII. Relativement à ces deux ordres de causes, le but à poursuivre serait la détermination des conditions individuelles dans lesquelles l'action d'une influence donnée occasionnera telle ou telle maladie. Mais c'est là un but qu'il ne sera peut-être jamais donné d'atteindre. Quant aux causes *efficientes*, il en a été question d'une manière générale aux articles : *endémie, épidémie, contagion.*)

395. TRAITEMENT DES MALADIES. — L'organisme peut être considéré comme une machine, comme un système de rouages liés entre eux par une solidarité tellement étroite, qu'une modification survenue dans la structure et, par suite, dans la marche de l'un d'eux, amène une perturbation dans le fonctionnement de tout le système. Les

lois de la mécanique sont générales, et on ne saurait admettre que la machine vivante échappe à ces lois.

En revanche, la solidarité fonctionnelle qui existe entre les pièces de la machine fait que le rouage malade est entraîné à continuer ses fonctions par le mouvement qu'ont conservé les autres rouages, mouvement qui est l'expression, tant de leur vitesse acquise que de la réparation par les influences extérieures de la force qu'ils dépensent incessamment.

On peut concevoir assez nettement, par cette comparaison, comment l'altération d'une partie peut, gênant ou arrêtant le jeu des autres, devenir une cause de maladie ou de mort; — comment aussi l'intégrité absolue ou relative des autres parties peut maintenir dans le jeu des fonctions une harmonie favorable au rétablissement du rouage malade, si les troubles de nutrition dont il est le siége peuvent être modifiés et permettre le retour aux conditions normales.

396. On donnait autrefois le nom de *nature médicatrice* à cette capacité mécanique de résistance qu'oppose l'organisme aux causes de destruction. Mais c'est gratuitement qu'on voyait là un *effort conservateur*, manifestation d'une force mystérieuse et intelligente, d'une *âme* qui gouvernerait la machine dans le sens le plus favorable à l'éloignement de la cause perturbatrice. Le phénomène est tout à fait passif : l'organisme oppose simplement aux influences qui tendent à arrêter le mouvement vital une résistance d'autant plus grande, que la somme de ce mouvement est plus considérable.

L'idée qu'on se faisait de la *nature médicatrice* et de son rôle conduisait, en thérapeutique, ou à compter sur elle et à ne rien faire, ou à étudier ses procédés et à tâcher de les imiter. C'est ainsi que, voyant certaines maladies se juger par des crises, on essayait, au moyen des purgatifs, de la saignée, etc., de produire des crises artificielles, diarrhées, hémorrhagies, etc., destinées à suppléer aux crises naturelles insuffisantes.

L'écueil de cette manière de procéder est dans les erreurs d'interprétation des phénomènes auxquels on est exposé à prêter à chaque instant une moralité qu'ils n'ont pas.

397. Les vues générales méca niques exposées plus haut doivent conduire à se guider sur d'autres considérations.

Après que, se fondant sur les notions acquises en physiologie, on a essayé de déterminer le siége et la nature du mal, on attaquera directement l'accident local; on tentera de remédier à la détérioration du rouage ou du système malade. Ou bien, s'il est inaccessible, si ce mode d'intervention est impossible, on tentera d'empêcher la partie malade d'exercer sur le reste de l'organisme une influence perturbatrice trop prononcée. Ou bien encore, on favorisera la résistance de celui-ci par les moyens qu'on doit croire les plus capables de maintenir l'harmonie des fonctions dans son rhythme normal.

Tels sont les trois ordres les plus généraux d'indications thérapeutiques. Ils découlent de la considération de l'organisme envisagé comme un agrégat en mouvement constitué par de la matière inerte; donnée absolument vraie, et qui, ne préjugeant rien relativement à la nature du premier moteur, garantit des erreurs auxquelles conduisent inévitablement des vues générales systématiques.

Toutefois nous ne pouvons nous dissimuler que ces trois ordres d'indications sont, dans chaque cas particulier, d'une extrême difficulté à préciser, et que la médecine est loin d'être assez faite pour permettre de les formuler et de les remplir.

398. Supposons cependant la maladie guérissable et l'intervention de la thérapeutique jugée nécessaire. Un nouveau point de vue soulève de nouvelles questions; tâchons donc d'apprécier la nature des méthodes auxquelles on aura recours.

Ici, on procède de deux manières. Tantôt, l'observation ayant démontré l'efficacité de certains agents contre un état morbide donné, simple ou complexe quant à ses manifestations, on a recours à ces modificateurs sans se faire pour cela aucune idée de la nature de la déviation fonctionnelle qui constitue l'état morbide, ni des conditions physiologiques nouvelles par lui créées; sans arrêter non plus aucune opinion sur la manière dont agit le médicament, sur le mécanisme physiologique de son action. On l'emploie dans ce cas parce que le hasard ou des tâtonnements ont montré que dans des cas à peu près semblables il avait guéri. En procédant ainsi, on fait de l'*empirisme*.

Dans d'autres circonstances, le médecin essaie, se basant sur ses connaissances en physiologie, d'interpréter les phénomènes morbides dont il est spectateur, de se faire une idée de la nature et du mécanisme de ces phénomènes auxquels il oppose alors un médicament qu'il croit capable de neutraliser, par un mécanisme inverse, la cause du mal, ou d'en contre-balancer l'influence. Il institue alors ce qu'on appelle une *médication rationnelle*.

Ainsi comprise, la médecine rationnelle n'a guère conduit jusqu'ici qu'à des pratiques sans valeur. Les points les moins connus de la physiologie sont ceux qui touchent aux actes intimes de la nutrition. Or les idées spéculatives sur lesquelles on a tenté de fonder les médications dites rationnelles, idées précisément relatives à cet ordre de phénomènes, ont été jusqu'à présent inexactes ou conjecturales. A défaut de ces données indispensables sur le mécanisme de la nutrition et de l'action médicamenteuse, on s'est rejeté sur les analogies souvent les plus grossières. Sganarelle conseillant à une muette le pain trempé dans du vin parce que c'est l'aliment des perroquets civilisés et jaseurs, n'est pas plus comique que nombre de médecins, fort instruits d'ailleurs, que les exigences de la pratique ont habitués à demander au raisonnement autre chose que ce qu'il peut donner.

Mais en signalant les écarts possibles de la faculté de raisonner, notre intention n'est pas de blâmer les applications prudentes d'une méthode sur le caractère, la portée et les ressources de laquelle il importe seulement de ne pas se faire illusion. Il est certain que les progrès de la physiologie doivent fournir un jour des prémisses aux argumentateurs et conduire à faire raisonnablement de la thérapeutique raisonnée ; nous avons seulement voulu dire que jusqu'ici une pareille prétention n'a pu que bien rarement se justifier.

Cette méthode a cependant rendu quelques services incontestables. Dans les circonstances difficiles, en effet, alors que les précédents font défaut, elle a le mérite d'ouvrir les voies à des tâtonnements inévitables.

399. Il est enfin un mode de thérapeutique qui, se rattachant à la médication rationnelle, relève d'une vue générale commune et mérite d'être examiné à part : nous voulons parler de la *médecine du symptôme*.

En présence d'une maladie sur la nature de laquelle on n'a pas des données suffisantes, ou contre laquelle on ne possède aucun moyen dont l'expérience ait établi l'efficacité, il arrive qu'on attaque séparément chacun des symptômes par lesquels elle se manifeste. En agissant ainsi, on pense avec quelque raison que tout ce qui tend, d'une manière ou d'une autre, à imprimer à l'état du malade une modification qui le rapproche du type normal, doit avancer la guérison en tirant parti de l'influence régulatrice que les fonctions exercent les unes sur les autres. Cette thérapeutique a été très-décriée ; cependant elle est fort rationnelle et ceux qui l'attaquent sont les premiers à y recourir à l'occasion. Elle présente toutefois un écueil qu'il est bon de signaler : tous les symptômes n'ont pas la même signification, et le tact du médecin consiste à savoir respecter les symptômes critiques, à reconnaître le sens qu'empruntent certains symptômes au fait de leur réunion, c'est-à-dire à savoir saisir les conditions de subordination qui les relient les uns aux autres.

Les moyens par lesquels le médecin combat les symptômes isolés relèvent ordinairement de l'empirisme, en ce sens que leur efficacité contre ces symptômes est un fait d'expérience ; mais les vues qui conduisent, à défaut d'une médication qui s'adresse à l'ensemble des actes morbides ou, plus exactement, au symptôme qui tient les autres sous sa dépendance, à traiter isolément certains symptômes, rapprochent cette méthode de la thérapeutique rationnelle.

400. On a divisé les moyens thérapeutiques en *hygiéniques* et en *médicinaux*, distinction inutile et sans rapport avec son objet. Hygiéniques ou médicinaux, les modificateurs agissent des deux façons que nous avons signalées en distinguant les modificateurs physiologiques ou modificateurs indirects, des modificateurs directs, physico-chimiques ou chirurgicaux.

401. Envisageant les modificateurs thérapeutiques, non plus au point de vue du genre de *réaction* qu'on attend de leur usage, mais au point de vue de la *nature de leur action immédiate,* on peut les distinguer en *physiques* et *médicamenteux.* Les premiers comprennent les moyens mécaniques, les modifications de pression, d'état hygrométrique, de température, l'électricité, la lumière. L'action primitive des modificateurs médicamenteux est toujours nécessairement chimique. Nous avons insisté ailleurs (1) sur l'importance pratique de cette division, et sur l'opportunité de donner la préférence aux modificateurs physiques toutes les fois que leur emploi peut conduire au but poursuivi : en effet, ils ont sur les modificateurs médicamenteux l'avantage de n'introduire dans l'organisme aucun principe étranger, et le résultat physiologique auquel ils conduisent n'est compliqué d'aucun empoisonnement.

402. On a distingué enfin les moyens thérapeutiques

______

(1) *Annales de l'Électrothérapie,* 1863 (Préface).

en *préventifs*, *curatifs*, ou *palliatifs*, suivant qu'ils ont pour but de prévenir les maladies, de les guérir, ou d'en atténuer seulement pour un temps les fâcheux effets.

II

DOCTRINES MÉDICALES.

403. Dans les premiers âges de la médecine, l'observation sommaire des phénomènes qui s'accomplissent chez les êtres vivants n e pouvait permettre d'en apprécier que les résultats. On dut se trouver dès lors conduit à voir dans leur moralité différente la raison d'une séparation profonde à établir entre eux. La santé et la vie étant le bien, la maladie et la mort étaient le mal. On n'admettait pas que ces effets opposés pussent être produits par des causes de même ordre. On établit donc entre eux un antagonisme, considérant les phénomènes morbides comme des actes dont le mécanisme différait essentiellement de celui des actes physiologiques.

Plus tard, envisageant ces conditions organiques, non plus au point de vue de leur moralité supposée, mais au point de vue de leur mécanisme, on est arrivé à reconnaître l'identité de celui-ci et à ne plus voir entre les phénomènes de la santé et ceux de la maladie que des différences de rhythme.

Mais nous allons voir ces divergences doctrinales se continuer à l'occasion de questions moins générales.

404. En même temps qu'on cherchait à se faire une

idée de la *nature intime* de la maladie, on dut se préoccuper des *relations* qui existent entre l'état sain et l'état morbide, soit qu'on vît dans cette dernière condition une manifestation de nature spéciale, soit qu'on n'y vît qu'une manière d'être physiologique particulière.

Portée sur le terrain de ces rapports, la discussion aurait sans doute amené les écoles divergentes à tomber d'accord sur quelques propositions. Mais il est remarquable combien, dans les polémiques médicales, on a su toujours éviter de préciser les points sur lesquels portait le débat.

Cela tenait à ce qu'aucune des parties ne se sentait sur un terrain solide. En effet, si l'on passe aujourd'hui en revue ce qu'ont écrit sur les doctrines médicales leurs fondateurs et leurs défenseurs, on est étonné du luxe de développements obscurs à l'aide desquels ils ont toujours voilé plutôt qu'éclairé leurs expositions de principes. Lorsqu'on cherche une définition ou quelque proposition fondamentale un peu nette, on se trouve en présence d'équivoques ou d'omissions calculées; et l'on admire combien d'art a été dépensé pour masquer des lacunes dont on avait nécessairement conscience. Aussi, aujourd'hui que quelques-unes de ces lacunes sont comblées, ou peuvent l'être, autrement que par des hypothèses extrascientifiques, aujourd'hui que les écoles opposées n'ont plus aucune raison sérieuse de ne pas tomber d'accord, il devient fort difficile d'indiquer un peu nettement ce qui les caractérise et de dégager la tendance vraie de la forme ambiguë sous laquelle elle s'abrite et sous laquelle on la sent plutôt qu'on ne la voit.

Chaque doctrine s'est donné pour tâche d'expliquer les faits; et ceux qui étaient tentés d'admettre l'identité physiologique des actes normaux et des actes morbides comme ceux qui la repoussaient, ont eu recours, pour en rendre compte, à l'intervention de forces auxquelles ils ont accordé des attributs divers.

Les systèmes dans lesquels on fait intervenir des forces *surnaturelles*, c'est-à-dire *indépendantes de la matière*, forment le groupe des doctrines *vitalistes*.

Ceux qui obéissent à la tendance opposée ne veulent admettre, pour expliquer les mêmes faits, que l'intervention des forces générales dont l'étude ressort des sciences qui s'occupent des corps bruts. L'*organicisme* procède de cet ordre d'idées, bien que la filiation n'ait jamais été franchement avouée.

405. Pour les vitalistes purs, il n'y a aucune analogie entre les êtres vivants et les corps bruts. L'être vivant a tantôt une âme qui suffit à tout; tantôt deux, une pour le spirituel et une pour le temporel. Ce moteur ou ces deux moteurs, existant indépendamment de toute matière, le vitalisme est la négation d'une science de la vie. Aussi tous les progrès qu'a faits la physiologie ont-ils été accomplis en dehors de lui.

Heureusement on a reconnu qu'aucun progrès scientifique ne peut procéder du vitalisme, et on a senti la nécessité d'opposer à son inertie systématique une méthode féconde en enseignements. Au lieu donc de repousser toute analogie de propriétés entre la matière vivante et la matière brute, on a recherché quelles étaient leurs conditions d'existence communes, par quels liens la physiologie pouvait se rattacher à la physique générale. Jusqu'ici rien de mieux. Mais cette manière de procéder ayant permis d'expliquer d'une façon satisfaisante quelques-uns des phénomènes de la vie, on s'est laissé entraîner à prétendre que la physiologie était tout entière dans la physique et à refuser de reconnaître dans les actes vitaux l'action de forces autres que celles que manifestent les changements d'état de la matière inanimée.

L'erreur des organiciens a été de voir les bases d'une *doctrine* dans le programme d'une *méthode* d'observation.

406. En dehors de ces deux opinions extrêmes, l'une extrascientifique, l'autre insuffisante pour expliquer les faits, on tend tous les jours à reconnaître que, sans recourir au surnaturel, il est possible de tenir compte des conditions qui différencient les êtres vivants des corps bruts. Il suffit pour cela d'admettre que la vie est entretenue par le concours d'un plus ou moins grand nombre de forces, *inhérentes aux tissus qui les manifestent* comme dans la nature brute, et susceptibles d'être étudiées comme *propriétés de la matière vivante*.

Les médecins et les physiologistes qui se rangent à cette manière de voir fondamentale peuvent ensuite se trouver divisés sur la question secondaire du nombre des forces spéciales à faire intervenir dans l'explication des phénomènes de la vie et de la maladie.

C'est là si l'on veut du vitalisme, mais un vitalisme de toute autre nature que celui que nous avons rappelé précédemment. Supérieur à l'organicisme, il tient compte de tous les faits et ne repousse *à priori* aucune de leurs causes prochaines; plus supérieur encore au vitalisme pur, il ne supprime pas, comme lui, l'étude des phénomènes de la vie en rangeant tout d'abord son mécanisme parmi les sujets qui ne sont déjà plus du domaine de la science. Les auteurs qui, depuis Glisson, Haller, Cullen, etc., ont le plus fait progresser la science de la vie, étaient dans ce courant d'idées justifié et défini de nos jours par M. Claude Bernard de manière à rallier tous les dissidents.

407. Après avoir établi les raisons qui font que les sciences progressent d'autant plus lentement que leur objet est plus complexe, M. Claude Bernard a montré qu'on n'était jamais arrivé à l'intelligence des phénomènes de la vie que par une analyse qui les décomposait en phénomènes déjà élucidés par une science plus avancée. Recherchant donc, dans toute manifestation présentée par un individu vivant, la part qui peut être revendiquée par la physique ou la chimie, il arrive à ne garder pour l'analyse physiologique que la partie qui, non actuellement décomposable en phénomènes d'ordre plus simple, doit être, au moins provisoirement, regardée comme vitale. Tous les actes qui, s'accomplissant chez l'individu vivant, peuvent également s'accomplir en dehors de l'organisme, doivent être regardés comme mécaniques, physiques ou chimiques, alors même qu'ils opéreraient sur des matériaux organisés par la vie. Le nombre connu de ces phénomènes augmente tous les jours. Mais, à quelque point qu'on doive pousser plus tard la preuve de ces similitudes entre les phénomènes de la vie et les phénomènes physico-chimiques, M. Claude Bernard fait dès à présent une réserve pour un phénomène vital qui échappera toujours à l'analyse physico-chimique : le *développement élémentaire*, la condition organique primitive qui domine la formation et l'entretien de l'individu vivant.

Indépendamment de cette force de *développement*, il est d'autres propriétés du tissu vivant qui n'ont pu être analysées et qui restent vitales, au moins provisoirement : la *sensibilité*, la *contractilité* et la *motricité*.

408. Lorsque de l'étude générale de la vie on passe à l'examen des problèmes, plus complexes et par conséquent plus obscurs, de la pathologie et de la thérapeutique, il faut décomposer en leurs éléments immédiats, c'est-à-dire en leurs éléments physiologiques, les phénomènes morbides ou médicamenteux.

En procédant ainsi, M. Claude Bernard est amené à conclure que les actes morbides seront un jour réductibles en phénomènes physiologiques. En effet, si l'on considère que toutes les fois qu'on a pu saisir quelque chose du mécanisme des phénomènes morbides on les a reconnus de même nature que les phénomènes physiologiques, on se trouvera très-disposé à résoudre la question par l'affirmative. Là même où les preuves de cette identité fondamentale font défaut, on n'est pas autorisé à opposer à la généralité de cette loi des hypothèses inutiles.

Dès qu'elle sera entrée dans la voie scientifique que lui prépare la physiologie expérimentale, la *pathologie* deviendra *l'étude du rôle physiologique des conditions dans lesquelles s'accomplissent les phénomènes de la vie.*

409. Avant d'abandonner ce parallèle sommaire des doctrines médicales, nous devons toucher à une question qui, sans intéresser directement le fond même des doctrines, a fourni néanmoins aux polémistes une mine d'arguments contradictoires.

C'est toujours à l'occasion de la pathologie que naissent les conflits, et presque toujours la discussion porte sur les rapports de subordination qui existent dans les maladies entre les phénomènes généraux et les phénomènes locaux. Pour les vitalistes, toute maladie est ou commence par être générale. Pour les organiciens, toute maladie est ou commence par être locale.

On voit immédiatement que ces propositions ne sont pas le résultat de l'observation ; mais qu'elles découlent de l'idée que les uns et les autres se font de la vie, et, par suite, de la maladie : affection du gouvernement spirituel ou temporel, pour les vitalistes, — lésion physique de la substance d'un organe pour leurs contradicteurs.

Ici encore, M. Claude Bernard a mis fin à toute confusion en déterminant expérimentalement les conditions qui relient l'état général et l'état local, le mécanisme de la généralisation des affections locales et celui de la localisation des maladies générales.

Il a établi : 1° que toute influence dont l'action porte directement sur le système nerveux sensitif ou sur le système sanguin peut déterminer d'emblée l'apparition d'une maladie générale ; 2° que le système sanguin et le système nerveux sensitif sont les voies de généralisation des maladies primitivement locales ; 3° que les conditions physiologiques antérieures (idiosyncrasies) sont les conditions de localisation des maladies primitivement générales ou plutôt des maladies qui ont atteint primitivement l'un des deux systèmes généralisateurs.

410. Tout essai de thérapeutique rationnelle tirant sa raison d'être de l'idée qu'on se fait de la vie ou de la maladie, il est nécessaire d'examiner maintenant les tendances générales que devaient engendrer les idées

doctrinales que nous venons de passer rapidement en revue.

Dans la médecine, comme dans toutes les sciences susceptibles d'applications, et plus que dans aucune d'elles, la pratique devance la théorie; celle-ci n'est appelée qu'à systématiser les faits acquis à l'art de guérir. L'*empirisme* constitue donc une *tradition* commune aux vitalistes et aux organiciens.

Les données de l'empirisme ont toujours été respectées par les vitalistes dont le fatalisme n'a aucune raison pour n'être pas accommodant. En dehors de l'empirisme, deux lignes de conduite sont encore possibles aux vitalistes : l'expectation qui laisse aux prises l'âme du malade et l'âme de la maladie, et l'homœopathie qui oppose à l'âme de la maladie l'âme d'un médicament.

Quant aux organiciens, on peut leur reprocher un dédain trop général pour l'empirisme. Ils se sont trop souvent, au mépris de l'observation traditionnelle, basés sur une physiologie insuffisante ou dérisoire pour instituer et prôner, sous le titre de médications rationnelles, des pratiques ridicules ou meurtrières.

CHAPITRE X

SUPERSTITIONS MÉDICALES.

411. La science a pour objet *l'étude des propriétés et des transformations de la matière;* elle s'attache à connaître le *mécanisme,* et, par conséquent, les *causes prochaines, sensibles,* des phénomènes.

Reconnaissant que la matière est inerte, c'est-à-dire incapable de modifications spontanées, les savants ont donné le nom de *forces* aux causes des modifications qu'elle éprouve. Ces forces, inconnues dans leur essence dont la science n'a pas à s'inquiéter parce qu'elle y perdrait un temps qui peut être utilement employé, se manifestent comme *propriétés de la matière* et suivant des lois immuables.

Lorsqu'un fait inexpliqué se présente à l'observation, le savant cherche à l'analyser, à le réduire par voie de comparaison en faits d'une interprétation déjà acquise, et à déterminer ainsi la nature des forces qui concourent à sa production.

412. Mais cette sage manière de procéder, seule capable de nous faire acquérir des notions exactes et s'imposant à tous, n'est pas à la portée de tout le monde:

elle suppose l'acquis d'un fonds de notions positives auxquelles puissent être ramenées les connaissances nouvelles, et certaines habitudes d'esprit que donne seule l'intelligence des exigences de la science et de l'indispensable rigueur de ses méthodes.

En présence d'un phénomène quelconque, le premier mouvement de l'esprit est d'en rechercher la cause.

Or la cause prochaine est seule accessible et seule intéressante au point de vue de l'accroissement de nos connaissances. Mais le défaut de jugement peut faire qu'on ne se contente pas de la connaissance des causes prochaines; l'ignorance peut, d'un autre côté, rendre impossible la satisfaction de cette curiosité, seule légitime. Alors on vise plus haut : on s'adresse aux causes premières; et ces causes-là, il faut les inventer. Dès que la relation des faits avec leurs causes prochaines, sensibles, observables, est perdue de vue, il faut, si l'on veut absolument les expliquer, recourir au *surnaturel*, c'est-à-dire à des forces *indépendantes de la matière*. Quand on en est arrivé là, tout s'explique sans difficulté ; et, une fois lancé dans cette voie des hypothèses sans contrôle possible, on ne saurait plus être arrêté que par le défaut d'imagination.

L'admission de forces indépendantes de la matière pour expliquer les phénomènes que présente l'observation de celle-ci caractérise les superstitions.

413. Ici se présente une question délicate sur laquelle nous devons nous expliquer nettement, afin de prévenir l'accusation de nous écarter des études dont nous présentons ici un résumé pour combattre par voie d'in-

sinuation un ordre d'idées dont nous n'avons jamais méconnu la haute utilité.

L'admission de forces indépendantes de la matière est une condition commune aux *superstitions* et aux *religions*. Nous ne saurions trop nous élever contre les premières ; mais nous avons eu déjà occasion de constater le besoin général qu'on a des secondes et le rôle important qu'elles peuvent être appelées à jouer dans l'hygiène de l'esprit. En quoi donc diffèrent-elles ?

— En ce que les hypothèses sur les causes premières sont pour les religions un but et non un moyen. L'ingérence des religions dans les affaires de la science ne satisfait en rien le besoin de l'esprit auquel elles correspondent. Dans les superstitions, au contraire, l'affirmation des causalités éloignées n'est jamais qu'un moyen.

Que si l'on nous objecte ce fait incontestable que des ministres de toutes les religions se sont faits à toutes les époques les apôtres de toutes les superstitions, nous répondrons que les aspirations religieuses, d'ordre essentiellement et exclusivement surnaturel, ne doivent pas être rendues responsables de cette intrusion du temporel dans le spirituel. Le mélange de la superstition avec la religion, ou, pour employer le terme consacré, le *fétichisme*, a toujours accusé ou le défaut d'intelligence ou le calcul. N'oublions pas que, faites pour les majorités peu éclairées, les religions n'avaient chance de se répandre et de dominer qu'en se mettant à leur portée, flattant leurs goûts, leurs passions, et quelquefois même divinisant leurs vices.

Mais, encore une fois, l'instinct religieux et le fétichisme peuvent exister indépendamment l'un de l'autre ;

et nous n'admettons pas qu'on doive rendre le premier responsable d'écarts qu'expliquent tantôt l'ineptie du pasteur, tantôt des vues de propagande, de domination, ou même de simples spéculations basées sur l'ineptie du troupeau.

Un exemple connu de tous fera bien saisir notre pensée en montrant comment la conception religieuse, d'ordre essentiellement surnaturel, a à souffrir des rôles compromettants qu'on lui fait jouer en physique, en chimie et en physiologie.

A une époque où l'on ne possédait aucune notion sur l'électricité atmosphérique, la foudre était donnée comme une manifestation volontaire de la puissance de la Divinité. Aujourd'hui qu'on sait que la foudre résulte de la brusque neutralisation électrique de deux masses chargées en sens contraire, l'Olympe se trouverait bien compromis aux yeux de ceux qui savent ce que leur coûterait un coup de tonnerre, et qui ne s'abstiennent de foudroyer leurs ennemis que par économie et par crainte d'une gendarmerie qui ne mettrait plus Jupiter en cause.

Le jour n'est sans doute pas éloigné où, tombant d'accord sur l'utilité de la pluie et du soleil, on tâchera de se procurer au plus bas prix possible le temps le plus convenable. Bien que la météorologie soit dans l'enfance, il est impossible de n'être pas étonné du souci qu'osent encore en prendre des religions plus éclairées que celles de l'ancienne Grèce.

Les superstitions médicales sont nombreuses. Celles qui s'abritent sous le manteau de la religion ne nous regardent pas; la critique scientifique n'a sur elles aucune prise; c'est de la critique religieuse qu'elles relè-

vent. Quant aux superstitions médicales qui affectent
des prétentions scientifiques, nous devons les examiner
au moins au point de vue de la méthode.

I

HOMŒOPATHIE.

414. La superstition homœopathique ressemble assez,
à première vue, à la médecine : dans toutes deux le
malade a quelque chose à avaler. Voyons d'abord ce
qu'est le médicament homœopathique ; nous examinerons ensuite s'il y a lieu de rattacher son emploi à une
préoccupation doctrinale quelconque.

Pour préparer le médicament homœopathique, on
prend cinq centigrammes d'un vrai médicament qu'on
broie avec cent fois ce poids de sucre de lait *bien choisi.*
*L'opération doit durer une heure, partagée en six fois six
minutes de broiement et six fois quatre minutes de frottement.* Après quoi on prend cinq centigrammes de cette
poudre au centième, qu'on broie de la même manière
avec cent fois son poids de sucre de lait. Prenant ensuite
cinq centigrammes de cette seconde *atténuation,* on les
broie encore, toujours en observant les mêmes précautions, avec cent fois leur poids de sucre de lait pour
avoir la troisième atténuation, ou la poudre au millio-
nième. C'est ainsi qu'on devrait procéder jusqu'à la
trentième atténuation, habituellement employée. Toutefois on trouve plus commode, à partir de la troisième
atténuation, de remplacer le sucre de lait par de l'alcool

ou par un mélange d'eau et d'alcool. On secoue alors
au lieu de broyer, conservant, après chaque opération,
une seule goutte du liquide devant servir à l'opération
suivante.

Les homœopathes sont divisés sur le nombre des secousses à donner au flacon dans lequel se fait chacune
des atténuations. Mais qu'on en donne de deux à trois
cents ou plus, comme le veulent les zélés, ou qu'on en
donne seulement deux, il est constant que bien avant
la trentième atténuation il ne reste absolument rien
du médicament.

415. Qu'est-ce que les homœopathes administrent
donc? — des *frottements* et des *secousses*.

Ils en conviennent d'ailleurs parfaitement :

« Les substances médicinales ne sont pas des matières
mortes dans le sens vulgaire qu'on attache à ce mot.
Leur véritable essence est dynamique, au contraire ;
c'est une *force pure* que le frottement *exercé à la manière homœopathique* peut exalter jusqu'à l'infini. »
(Hahnemann.)

« La *vertu réelle* se trouve à un *état plus ou moins
latent* et ne saurait être mise en activité que par la
destruction de la matière primitive et l'addition d'une
autre substance qui, en sa qualité de simple véhicule,
reçoit la *vertu développée* et la transmet à l'organisme. »
(Jahr et Catellan.)

« Une goutte de médicament versée dans le *lac de
Genève* n'en fera jamais une atténuation homœopathique, *quoique la proportion dans laquelle cette goutte est
au lac soit loin d'être une fraction aussi petite que celle
à laquelle se trouve le médicament dans la trentième atté-*

nuation. » (Idem.) Que manquerait-il donc au lac de Genève pour être une atténuation hahnemanienne de la teinture dont on y aurait versé une goutte ? — Il lui manquerait les secousses homœopathiques.

Admission d'une *force médicamenteuse pure*, propre à chaque substance et indépendante de cette substance, se conservant, se renforçant même alors que la matière dont elle constituait une propriété vient à disparaître : voilà toute l'homœopathie. Nous y trouvons donc au premier chef la caractéristique des superstitions ; et nous pourrions ne pas aller plus loin.

416. Mais, disent les homœopathes, l'homœopathie ne consiste pas tant dans la question des doses que dans le principe en vertu duquel on les administre.

— Peut-être, s'il y avait dose et s'il y avait matière à principe. Mais zéro n'est pas une dose ; et, quand on ne donne rien, nous ne voyons guère quel intérêt il peut y avoir à ce qu'on le fasse en vertu de tel principe plutôt que de tel autre.

Similia similibus curantur, — les semblables sont guéris par les semblables, — disent les homœopathes.

A priori, c'est absurde. Mais il faut être indulgent en médecine et ne pas se montrer exigeant à l'endroit des systèmes. Nous passerions donc volontiers condamnation pour cet aphorisme s'il ne représentait qu'une erreur ; malheureusement il ne représente rien, par la raison que pour qu'il y ait similitude il faut au moins deux choses à comparer, et que le néant ne saurait représenter un terme d'aucune comparaison.

Le *similia similibus* ne peut donc être et n'est qu'une enseigne trompeuse.

Croyance à une multitude de forces médicamenteuses indépendantes de la matière, c'est-à-dire superstition ; voilà pour le fond.

Admission gratuite d'un principe sans objet ; voilà
pour la mise en scène, et par où l'homœopathie essaie
de paraître une conception scientifique.

Il nous reste à envisager l'homœopathie comme industrie, à voir comment elle se pratique, comment elle
fait des prosélytes,.... et comment elle guérit.

417. Examinons d'abord les succès.

Peu satisfait des résultats qu'il obtient, peu disposé à
demander à l'étude et à l'observation les moyens de
mieux faire, un médecin prend le parti de se réfugier
dans l'homœopathie. Bientôt ses malades et lui n'ont
qu'à se louer de cette détermination. Mais il n'a pas la
clairvoyance de faire la part de l'abstention, car s'il ne
s'abstenait pas auparavant, c'est qu'il croyait mieux
faire en agissant mal. Voilà donc un converti médecin,
qui n'a guère le droit de n'être pas de bonne foi dans
ses convictions nouvelles.

Pour notre part, nous sommes si convaincu de la
réalité des services de ce genre qu'a rendus l'homœopathie, que quand un de nos malades entreprend un
voyage en Espagne ou en Italie, nous ne l'embarquons
jamais sans cette recommandation : « Si vous tombez
malade, adressez-vous à un homœopathe. »

Échappant par sa nature à tout contrôle de la raison,
l'homœopathie, du moment qu'elle est acceptée, a nécessairement sur l'imagination un empire considérable,
capable de modifier d'une façon très-appréciable les
conditions morbides. Pour méconnaître la portée d'une

pareille influence, il faudrait n'avoir pas été témoin des modifications physiologiques qu'on obtient chez beaucoup de malades par l'administration de pilules de mie de pain annoncées comme des médicaments très-actifs.

Et puis les homœopathes peuvent prescrire un régime; on le suivra.

Qu'un médecin recommande à un client deux ou trois heures de repos horizontal tous les jours dans l'après-midi, il lui sera impossible de faire passer sa prescription avant les affaires ou les plaisirs du malade. L'homœopathe prescrira : déjeuner à dix heures, *au moment où cesse l'action des globules pris la veille;* prendre un globule à midi; se coucher une demi-heure après et rester couché jusqu'à 4 heures, *pour que l'effet des globules pris à midi ne soit pas perverti.* Cette ordonnance sera fidèlement observée. Le malade, qui croit connaître assez les médicaments *ordinaires* pour n'avoir pas à se gêner avec eux, aura toute déférence pour le médicament *surnaturel* et se gardera bien d'en contrarier l'action.

Interpréter certains succès est chose difficile; et nous ne nierons pas plus ceux de l'homœopathie que ceux de la farine de lentilles. Il faudrait n'avoir jamais ouvert un journal pour ignorer que cette dernière, du moment qu'elle est vendue sous les noms d'*Ervalenta Warthon* ou de *Revalescière Dubarry*, fait des merveilles. On peut s'en rapporter sur ce point au témoignage non suspect de ceux qui en ont usé.

Les gens nécessiteux, que l'impossibilité d'observer les préceptes de l'hygiène expose fréquemment à de vraies maladies, n'auront que rarement recours à l'homœopa-

thie. Les succès des homœopathes sont nombreux, au
contraire, dans la classe aisée des grandes villes, chez
les sujets qu'on guérit par le repos et un bon régime
des mille indispositions qui sont chaque jour la conséquence d'un excès de table, de plaisir ou de travail.

418. Enfin on a fait grand bruit du terrain que gagne
l'homœopathie parmi les médecins.

Le fait est absolument exact ; mais il ne prouve rien
en faveur de l'homœopathie contre laquelle nous ne prétendons pas d'ailleurs le retourner. Nous allons montrer,
en indiquant en quoi consiste *la pratique* de l'homœopathie, que c'est une médecine facile, *n'exigeant aucune
étude spéciale*, médecine *à la portée de quiconque sait lire
et écrire*. Or, dans ces conditions, le recrutement des
homœopathes est assuré ; mais il ne l'est nécessairement,
pour la majeure partie, que par de pauvres éléments ;
nous doutons que les gens d'esprit qui sacrifient à cette
superstition soient, au fond, très-flattés des adhésions
qui lui arrivent de toutes parts. Jusqu'ici ces adhésions
ont fait nombre ; mais c'est tout.

419. Voyons maintenant l'homœopathie à l'œuvre.
Sous l'influence de l'administration d'un *véhicule convenablement dynamisé* avalé *ou simplement flairé* par un homœopathe *sain*, celui-ci voit apparaître chez lui un nombre prodigieux de symptômes morbides (de 100 à 500
et plus). Le médicament essayé devient ainsi plus ou
moins propre à guérir tous ces symptômes.

Or, en tenant compte de tous les symptômes possibles, sans en excepter les symptômes burlesques qui
ne figurent que dans les livres de l'école hahnemanienne, on n'arrive pas à un total tellement considéra-

ble que le premier médicament venu ne convienne à peu près dans tous les cas. Cependant des gens se sont amusés à classer ces symptômes par ordre d'importance, de constance plus ou moins grande, et ont donné ainsi satisfaction à cette apparence d'étude que tout curieux veut rencontrer dans une élucubration quelconque?

420. Nous avons dit tout à l'heure que l'homœopathie n'exigeait aucune étude. Il suffit, pour l'établir, de rappeler qu'elle se préoccupe exclusivement du symptôme extérieur, reconnaissable par tout le monde. La physiologie, l'anatomie et tout ce qui a trait au diagnostic lui sont ainsi parfaitement inutiles.

On reconnaît immédiatement que l'observation des malades est aussi inutile à l'homœopathie que l'étude des maladies ; on peut d'ailleurs s'en rapporter sur ce point au témoignage d'Hahnemann : «Il est difficile d'exaucer le vœu que beaucoup de personnes m'ont adressé, de mettre sous les yeux du public quelques exemples de guérisons homœopathiques ; et l'on y parviendrait, que le lecteur n'en retirerait pas une grande utilité. » « Chaque cas de maladie non miasmatique étant individuel et spécial, ce qui le distingue de tout autre cas lui est également propre, n'appartient qu'à lui, et ne peut servir de modèle au traitement à suivre dans d'autres cas. »

421. A défaut de connaissances scientifiques, l'homœopathe se trouvera bien d'avoir de la mémoire. En effet, toute la médecine hahnemanienne peut se mettre sous forme d'une table de Pythagore dans laquelle on trouverait les prescriptions à l'entre-croisement de colonnes en tête desquelles figurent les symptômes. Les homœopathes de bonne foi n'ont pu se dissimuler combien cette

simplification prêterait à rire ; aussi Jahr se défend-il longuement, dans l'introduction à son répertoire, d'avoir cherché à dispenser des connaissances médicales en distribuant son livret à consulter comme un indicateur des chemins de fer. Cependant il ne peut renoncer complétement à faire valoir une addition ingénieuse à la cinquième édition de son manuel : « Nous avons ajouté à la première partie de ce manuel une *petite table alphabétique des indications les plus importantes* (tout près de 3,000 symptômes), dans laquelle nous n'avons donné que 6 à 8 médicaments au plus pour chaque indication, les rangeant, non par ordre alphabétique, mais au contraire selon l'ordre de leur importance pratique. Ce sont surtout les besoins des commençants que nous avons eus en vue en composant cette table ; mais nous pensons qu'elle pourra aussi être utile au praticien ; *en la détachant du volume, on pourra l'annexer à son cahier de notes, et la consulter facilement pendant qu'on écrira ses notes.* Ceci évitera l'inconvénient qu'il y a à emporter constamment ce livre chez ses clients, sans pour cela être privé d'*aide-mémoire* en cas de besoin. »

La revue que nous venons de faire des procédés de l'homœopathie et des conditions qui en ont favorisé l'extension était assurément superflue après l'examen de ses prétendues doctrines ; nous croyons cependant que cette revue n'est pas tout à fait inutile en ce sens que les causes qui ont fait à l'homœopathie une vogue incontestable font tous les jours la fortune de conceptions aussi vaines malgré des dehors plus sérieux.

II

MAGNÉTISME ANIMAL.

422. Pendant longtemps, certains faits rarement observés furent acceptés simplement comme surnaturels, merveilleux, miraculeux.

Plus tard, les sciences physiques ayant pu analyser quelques-uns de ces phénomènes regardés comme surnaturels et rendre compte des conditions de leur production, on dut se préoccuper aussi de ceux qui intéressaient les êtres vivants, et demander à la physiologie d'en éclairer le mécanisme. Des premières tentatives faites dans cette voie sont sorties les théories comprises généralement sous le nom de *doctrine du magnétisme animal*.

Pris du besoin d'expliquer, et d'expliquer vite, peu au courant des voies et moyens de la science, les adeptes des théories nouvelles gardèrent en partie les anciennes superstitions, se contentant d'emprunter aux sciences des comparaisons et un jargon dont ils habillèrent leurs hypothèses.

Nous avons dit comment les théories scientifiques expliquaient par l'admission de forces inhérentes à la matière les modifications que cette matière présente dans ses caractères et ses propriétés. Les savants désignent quelques-unes de ces forces sous le nom vague et provisoire de *fluides impondérables*. Les adeptes de Mesmer ont cru avoir donné à l'imitation scientifique un gage suffisant en imaginant un *fluide surnaturel, indépendant de la matière*, à l'aide duquel il leur est d'ailleurs fort aisé de tout expliquer.

La superstition a donc changé d'enseigne; mais au fond elle est toujours la même.

423. Ajoutons que, toute crédulité étant exploitable, des escamoteurs se sont mis de la partie, et qu'ils ont, souvent sans le vouloir, fait des apôtres qu'il n'était pas possible de désavouer.

Aujourd'hui donc on a à expliquer les phénomènes physiologiques dont les conditions sont peu connues, les tours de prestidigitation, des faits réels et tous les faits impossibles que peut rêver l'imagination la plus féconde. Le *fluide surnaturel* n'est pas de trop pour cela; mais, d'un autre côté, on peut affirmer qu'il est de force à suffire à la tâche.

424. Pour bien faire comprendre la nature et la portée des théories mesmériques, nous devons en indiquer brièvement la raison d'être. Dans cette exposition, nous ne suivrons pas l'ordre historique qui laisserait dans les idées une grande confusion, mais nous rechercherons comment les doctrines en question auraient pu trouver un point de départ rationnel dans des phénomènes réels, et comment l'esprit de superstition les a fait dévier de toute voie scientifique, en même temps qu'il enrichissait forcément leur bagage de faits controuvés et de supercheries de toute sorte.

La physiologie du *sommeil naturel* est presque tout entière à faire.

On sait que pendant l'état de sommeil les fonctions de la vie animale sont dans un repos plus ou moins complet, tandis que les fonctions de la vie organique ou végétative continuent à s'accomplir. Les sensibilités spéciales, dans lesquelles nous trouvons les causes déterminantes *immédiates* de nos actes volontaires et d'un grand nombre de mouvements réflexes, sont assoupies.

Le sujet qui dort pourrait donc être considéré au premier abord comme n'offrant de *phénomènes moteurs* que les *actes réflexes déterminés par les modifications qu'éprouve incessamment l'appareil nerveux sensitif de la vie de nutrition,* plus les *mouvements réflexes que peut déterminer l'excitation accidentelle de la sensibilité générale périphérique* par un coup, par une modification de température, etc.

425. Mais le sommeil est, sinon toujours, du moins très-souvent, compliqué de rêves. En analysant quelques-uns des phénomènes appréciables chez le sujet qui rêve, on voit que chez lui les réactions de la sensibilité sur le mouvement sont plus variées que celles que nous venons d'indiquer comme appartenant au sommeil simple. Les rêveurs, en effet, présentent des manifestations évidemment raisonnées. Beaucoup parlent en dormant ou exécutent des séries de mouvements dont l'ensemble trahit nettement l'origine volontaire. Tel écolier se couche sans savoir une leçon déjà apprise, qui se réveille le lendemain la possédant parfaitement; tel vient d'entendre un opéra dont les motifs n'ont laissé à sa mémoire qu'une impression confuse, qui, le lendemain matin, en fredonne correctement des passages assez longs.

Il serait facile de multiplier ces exemples établissant qu'*à défaut d'excitations extérieures actuelles, le dormeur trouve dans les sensations emmagasinées par la mémoire* le point de départ d'actes volontaires.

426. Si nous recherchons ensuite quelles **sont** les circonstances qu'on peut dès à présent regarder comme favorisant cette activité de la mémoire, nous voyons :

1° Qu'une préoccupation antérieure vive peut provoquer chez le dormeur l'éveil d'un certain ordre d'idées.

C'est ce qui arrive dans les cas où on poursuit durant le sommeil un travail commencé pendant l'état de veille; lorsqu'on fait des rêves dont l'objet est en rapport avec la situation d'esprit habituelle, avec les craintes ou les espérances du dormeur.

2° Que certaines sensations, qui chez l'individu éveillé provoquent simplement un vague sentiment de gêne, de la douleur ou des mouvements réflexes, peuvent, chez le dormeur, imprimer à l'activité de la mémoire une direction à peu près déterminée.

Ainsi nous connaissons un individu qui, toutes les fois qu'il est obligé de coucher dans un lit trop court, rêve qu'il est poursuivi par des animaux féroces, veut fuir, sent ses genoux plier sous lui, ne peut se relever, et se réveille après quelques instants de ce cauchemar avec un sentiment de lassitude extrême dans les genoux. Ici, la fatigue causée par la flexion prolongée et forcée des genoux paraît être l'origine d'une sensation douloureuse que l'imagination du dormeur rapporte à une cause extérieure actuelle qui n'existe pas.

3° Indépendamment des conditions extérieures qui peuvent imprimer aux opérations de la mémoire du

16.

dormeur une direction particulière, celle-ci est encore sollicitée par des sensations qui ont leur point de départ dans les organes de la vie végétative.

Le cauchemar qui accompagne constamment les digestions pénibles en est un exemple connu de presque tout le monde.

Nous voyons donc, chez le dormeur comme chez l'individu éveillé, la vie se manifester par des actes volontaires ou réflexes qui sont toujours en rapport soit avec une sensation actuelle, soit avec une sensation antérieure évoquée par la mémoire.

427. Toutefois la similitude s'arrête là, car nous voyons le dormeur et le sujet éveillé attacher une signification différente aux sensations qu'ils perçoivent. Et cependant la loi des fonctions dévolues aux centres nerveux n'est pas changée ; seulement, pendant l'hallucination physiologique qui caractérise l'état de rêve, ces fonctions de coordination des sensations s'accomplissent dans d'autres conditions.

Essayons, sinon de définir ces conditions spéciales, du moins d'en faire nettement comprendre l'existence :

Vous êtes assis, parfaitement éveillé, dans un jardin où jouent des enfants.

La balle de l'un d'eux, qui vient vous frapper à l'épaule, vous tire de vos réflexions ; vous voyez tomber la balle à terre ; vos yeux se reportent aussitôt sur le groupe des enfants, et vous appréciez très-nettement la cause vraie de la sensation que vous avez éprouvée.

Maintenant, supposons que vous soyez aveugle et que pareille chose vous arrive. Vous aurez entendu crier autour de vous et aurez appris par là que des enfants jouent. Le choc de la balle pourra être encore rattaché à sa cause vraie ; mais il commence à y avoir incertitude sur la nature du corps qui vous a frappé, et à coup sûr la mise en scène dans laquelle vous ne pouvez vous empêcher d'encadrer l'action qui vient de se passer diffère notablement de celle qui l'accompagne en réalité.

Supposons encore qu'un pareil accident arrive à un individu aveugle et sourd. Sa surdité ne lui permet pas de savoir qu'il est au milieu d'une réunion d'enfants ; et, lorsque la balle vient le frapper, il se fait toujours dans son esprit une image du lieu où la scène se passe et des circonstances qui ont précédé le coup qu'il a reçu, image encore moins exacte que celle qui s'était formée dans la pensée de l'aveugle.

Enfin, ce n'est plus un aveugle ou un sourd qui est frappé par une balle dans un jardin où jouent des enfants, c'est un dormeur étendu sur un banc ; ce pourrait être un ivrogne couché à terre. Au moment où le dormeur a reçu le coup, sa sensibilité générale et son aptitude à percevoir les sensations étaient trop engourdies pour qu'il lui ait été possible de se rendre compte, d'après l'étendue et la force du choc, des qualités physiques du corps qui l'a frappé. Si donc il s'éveille, il ne pourra se rendre compte de ce qui s'est passé qu'après avoir reconnu le milieu qui l'entoure, etc.

Mais s'il ne s'éveille pas, il rêvera du coup qu'il vient de recevoir ; et Dieu sait à quelle cause il l'attribuera, à quelles circonstances extérieures il le rattachera, et quelle série compliquée d'images et d'actes volontaires sera pour lui le développement, sinon logique du moins forcé, d'une sensation qu'il ne pouvait sainement apprécier.

Lorsque nous sommes éveillés, en puissance de toutes nos sensations, de notre liberté morale, de notre conscience enfin, nous ne recevons d'impressions nettes que les impressions émanant directement du milieu qui nous entoure. Nous prenons ainsi l'habitude de rapporter à ce milieu les causes de nos sensations, habitude qui nous conduit à des illusions d'autant plus grandes que nous nous trouvons dans une situation qui nous permet moins d'apprécier l'état de ce milieu et de nos rapports avec lui.

Ce qui précède explique comment le sommeil naturel réalise des conditions extrêmement favorables aux illusions sensorielles et aux hallucinations. Chez le dormeur, ces erreurs de la sensibilité sont déterminées par les impressions accidentelles les plus diverses.

428. Il nous reste à nous expliquer comment la mémoire, qui pendant la veille ne nous retrace que des images plus ou moins effacées, peut nous amener, pendant le sommeil, en présence d'images aussi nettes que la réalité.

Or, cette aptitude n'est que l'exagération, sous l'influence des conditions physiologiques que crée le sommeil, de phénomènes qui s'observent normalement chez l'homme éveillé.

Personne n'ignore que chez un sujet qui perçoit en même temps plusieurs sensations, chacune d'elles est moins nette que si elle était perçue seule; que l'attention donnée à l'objet d'une sensation rend très-confuses les sensations simultanées.

L'homme qui cherche à fixer un souvenir baisse les yeux, les ferme quelquefois, s'isole autant que possible de ce qui l'entoure ; il sent instinctivement que cet isolement des causes de sensation qui l'environnent favorise l'application de la mémoire. Le dormeur se trouve à cet égard dans les conditions les plus favorables, et il n'est pas étonnant que la faculté d'évoquer des sensations nettes soit infiniment plus développée chez lui que chez l'homme éveillé, bien que chez ce dernier on la rencontre quelquefois à un degré assez remarquable.

En résumé : Tous les phénomènes qui sont *d'observation commune dans le sommeil naturel sont des phénomènes observables dans l'état de veille. S'ils sont plus marqués dans le sommeil, cela tient uniquement à ce que chez le dormeur l'organisme se trouve dans des conditions plus favorables à leur libre manifestation.*

429. Les considérations que nous venons de présenter sur le sommeil naturel étaient une introduction nécessaire à l'appréciation des faits sur lesquels repose la prétendue doctrine du magnétisme animal.

Nous n'avons pu qu'indiquer le mécanisme général de l'activité des dormeurs ; il n'entrait pas dans notre plan de décrire la série des actes quelquefois singuliers par lesquels se manifeste cette activité. On l'a vue telle chez des sujets dits *somnambules*, que sous l'influence de sensations évoquées par leur mémoire certains dormeurs ont pu paraître capables de presque tous les actes auxquels se livre un individu éveillé.

Or cette grande puissance des sensations subjectives comme causes déterminantes d'actes volontaires, qui s'observe dans le *sommeil naturel* de quelques sujets, est présentée souvent à un très-haut degré par les individus chez lesquels des pratiques encore mal définies ont provoqué un sommeil avec grande aptitude aux rêves qu'on désigne depuis quelque temps sous le nom d'*hypnotisme*.

Il est peu de personnes qui n'aient eu l'occasion, étant éveillées, de placer un mot dans le bavardage d'un dormeur qui rêve à haute voix, et d'obtenir de lui une réponse. Les sujets *hypnotisés*, c'est-à-dire soumis à un *sommeil provoqué*, conservent ce genre de lucidité, et peuvent en vertu de leur aptitude à percevoir les paroles prononcées devant eux, être guidés dans les évocations de leur mémoire par un sujet éveillé. De là les effets curieux qui défraient les séances de magnétisme animal, dans lesquelles on voit le magnétiseur éveillé diriger les rêves d'un sujet hypnotisé dont la sensibilité, modifiable par les impressions de la mémoire, obéit à l'influence dirigeante qui arrive à elle par la porte laissée ouverte à un nombre restreint de sensations.

Nous ne nous arrêterons pas plus sur les détails des faits observés durant le sommeil hypnotique que nous ne l'avons fait lorsqu'il s'agissait des phénomènes observables pendant le sommeil naturel. Notre but était simplement de montrer que dans le sommeil provoqué, comme dans le sommeil naturel, le mécanisme des manifestations vitales est toujours le même qu'à l'état de veille, *et qu'il n'est pas besoin, pour le comprendre, de faire intervenir une puissance nouvelle.*

De même que les conditions particulières introduites par le sommeil naturel dans le jeu des organes expliquent les anomalies fonctionnelles qu'il peut sembler présenter, de même les actes du sujet hypnotisé empruntent leur aspect spécial aux conditions physiologiques que crée chez lui la nature de la *fatigue* qui a déterminé cet état de sommeil actif.

430. Rappelons enfin que l'état de santé des somnambules naturels laisse généralement beaucoup à désirer ; — que les sujets qui ont été soumis fréquemment aux pratiques de l'hypnotisme n'ont pas ordinairement une santé plus brillante ; — enfin qu'une hypnotisation antérieure prédispose à subir plus facilement les effets de cette pratique lorsqu'on doit la répéter. Pour toutes ces raisons nous pensons que la pratique, même accidentelle, de l'hypnotisme n'est pas absolument inoffensive.

431. Quant à l'hypothèse inutile par laquelle les magnétiseurs cherchent à rendre compte de ces faits, nous nous contenterons de l'indiquer, n'ayant pas à la discuter.

Ils admettent que le magnétiseur sécrète un *fluide surnaturel*, fluide ou force sans action sur la matière inanimée intermédiaire, transmissible à distance au somnambule et lui tenant lieu de sensibilité, de volonté, de coordination réflexe, d'excitation motrice et de bien d'autres choses encore.

On comprend de suite que dans de pareilles idées tout s'explique aisément; aussi le cadre du possible s'élargit-il singulièrement pour les disciples de Mesmer. La double vue, la prédiction de l'avenir, la divination amusante ou scientifique, sont des faits trop facilement explicables par leurs théories pour n'être pas considérés par eux comme réels quand même.

Les magnétiseurs qui affichent des prétentions scientifiques ont eu toutefois l'adresse, toute de forme, de ne pas introduire dans l'exposé de leurs doctrines un fluide nouveau, *surnaturel* ou *magnéto-animal*, toujours compromettant. Ils ont trouvé des fluides tout faits, des fluides sérieux qui pouvaient, avec un peu de complaisance, se prêter à ce qu'on attendait d'eux. Les fluides électrique et magnétique, invoqués d'abord, se sont montrés peu souples à la théorie ; on essaye maintenant du fluide nerveux qui présente jusqu'ici l'avantage d'être moins connu.

Nous avons assisté à quelques séances de magnétiseurs. Or, en dehors des phénomènes qui appartiennent au *sommeil provoqué*, à *l'hypnotisme* ou sommeil actif, nous n'avons rien vu que nous n'ayons retrouvé dans des séances de prestidigitation.

III

SOMNAMBULES MÉDECINS.

432. Nous venons de voir que la croyance au magnétisme animal est une superstition.

Ici, il ne s'agit plus que d'une jonglerie choisissant ses dupes parmi les gens superstitieux ; cette jonglerie n'a d'ailleurs de commun avec l'hypnotisme que la mise en scène.

Un malade qui, pour guérir d'une affection chronique, a beaucoup voyagé, a consulté tous les médecins qu'il a pu rencontrer ; il s'est fatigué d'une foule de traitements, et croit n'avoir plus rien à attendre de la science humaine. Il a recours alors à l'homœopathie ; puis, s'il n'en a tiré aucun bénéfice, prend bravement son parti de s'adresser directement à Dieu ou au Diable et va trouver une somnambule.

Celle-ci, sans le questionner, sans le faire déshabiller, sans l'ausculter, sans le percuter, lui dit : « Vous avez cela, faites ceci. » Le malade sort émerveillé. La pythonisse n'a pas hésité lorsqu'elle a désigné l'organe malade ; c'est un organe caché dans la profondeur duquel elle a dû *voir*, puisqu'elle n'a eu recours à aucun des procédés habituels de diagnostic. L'admirable chose que la double vue !

La prescription faite se trouve quelquefois n'être pas mauvaise ; *et cette fois on la suit religieusement*. De l'amélioration survient, se soutient ; voilà un succès !

S'il n'y a aucune amélioration, le malade se regarde comme mystifié, et cache ordinairement une démarche qui pourrait le rendre ridicule aux yeux des gens bien portants.

433. Passons maintenant dans l'arrière-boutique du temple où se rendent les oracles, pour y assister à une séance d'initiation.

La scène se passe entre une somnambule novice mais *très-intelligente*, et le montreur qui, sous le nom de magnétiseur, présentera le sujet au public.

« Ne vous effrayez pas, dit le magnétiseur, de la somme des connaissances qui passent pour être nécessaires aux médecins ; le propre de notre art est précisément d'arriver à des résultats brillants par des moyens fort simples. En moins d'une semaine je vous aurai appris le peu que je sais, et surtout la manière de s'en servir ; votre perspicacité fera le reste.

« Vous n'êtes pas sans avoir suffisamment entendu parler de maladies aiguës et de maladies chroniques pour avoir une idée vague de la différence qui existe entre elles. Je ne chercherai pas à vous en apprendre plus long ; et, si je vous en parle, c'est seulement pour vous prévenir qu'on ne nous consulte jamais que sur les maladies chroniques. Et encore, parmi celles-ci, il en est bon nombre que vous ne verrez que bien rarement, si vous les voyez. Les maladies de poitrine sont dans ce cas; d'abord elles sévissent plus particulièrement sur les jeunes sujets, qui ne forment pas le fonds de notre clientèle; puis elles laissent assez libre l'esprit de ceux qui en sont atteints pour qu'ils se contentent facilement des soins d'un médecin.

« Nous sommes consultés surtout par des hypochondriaques, des dyspeptiques, etc... Il est bon que vous ayez quelque idée de l'aspect de ces malades, et des moyens par lesquels on essaye de les guérir. Voici un traité de pathologie dans lequel j'ai indiqué ce qu'il vous faudra lire à ce sujet; mais n'en abusez pas. Passez du diagnostic tout ce qui n'est pas signe extérieur. Lisez tous les alinéas intitulés *anatomie pathologique;* c'est une ressource d'un grand effet et qui terrifie les incrédules. Apprenez par cœur les *symptômes* pour les réciter aux malades; rien ne les surprend tant que de se voir donner les renseignements qu'on est dans l'habitude de leur demander. Apprenez aussi de l'article *traitement* ce qui est nécessaire pour formuler un peu au besoin.

« Certains malades devront être convaincus que vous avez la science infuse dès que vous êtes en séance. Il faut encore apprendre, pour leur usage, quelques-uns des mots que prononcent de temps en temps les médecins, et que les gardes-malades apprennênt aux portiers; mais n'allez pas confondre les deux manières de les prononcer. Voici un petit volume d'*anatomie* dans lequel j'ai marqué les passages à voir; vous y trouverez ces mots à retenir et des images suffisamment exactes pour vous empêcher de mettre le cœur à droite et le foie à gauche.

« Voici enfin un traité de *pathologie générale*. C'est l'ouvrage qui, en commençant, vous sera le plus utile; mais, si vous êtes heureusement douée, l'auteur de ce livre doit être, dans un mois, un très-petit garçon à côté de vous. J'y ai marqué les pages qui vous apprendront à juger du *tempérament* par la couleur et la grosseur des cheveux, par la nuance des yeux, par la démarche et la physionomie. Vous y verrez ensuite comment la connaissance du tempérament conduit à la notion des maladies chroniques probables. Je vous le répète, c'est là le point le plus important.

« N'étudiez jamais plus de deux heures de suite; une plus longue application vous fatiguerait sans profit. Après avoir fermé votre livre, allez faire une promenade au jardin des Tuileries ou sur les Boulevards; vous y étudierez les passants au point de vue qui nous occupe : c'est là un excellent exercice.

« Avant de vous présenter au public, quelques répétitions seront nécessaires ; nous verrons s'il vous est ou non plus commode de dormir que de rester éveillée, si le sommeil hypnotique augmente en même temps votre mémoire et votre aptitude à observer et à saisir ces mille renseignements que les malades donnent sans s'en douter.

« Vous serez quelquefois embarrassée, surtout en commençant; rappelez-vous alors que le *foie* est un organe complaisant auquel vous pouvez, dans les cas douteux, donner la maladie qu'il vous plaira.

« Si vous reconnaissez avoir affaire à un *hypochondriaque* ou à un *goutteux triste,* ne vous gênez pas; l'occasion est bonne de donner de la variété à votre diagnostic. Prêtez-lui toutes les infirmités que vous voudrez;

il vous croira d'autant mieux que vous le ferez plus malade.

« Il est enfin un genre de consultants fort ennuyeux, mais qu'il faut néanmoins satisfaire, parce qu'ils ont la foi : je veux parler de ceux qui viennent consulter pour d'autres en apportant une lettre ou des cheveux du malade. A moins d'être très-gros ou très-fins, très-blonds ou très-noirs, grisonnants ou tout à fait blancs, les cheveux n'apprennent pas grand'chose. Il est dans ce cas un très-bon moyen de tourner la difficulté : c'est de dire à la personne présente qu'elle ferait beaucoup mieux de consulter pour elle; que vous voyez dans ses entrailles une lésion d'une extrême gravité qui détourne votre attention du sujet dont vous tenez les cheveux ou la lettre. Cette diversion manque rarement son but.

« Maintenant vous pouvez marcher seule. Cuvier se faisait fort de reconstruire un animal sur la vue d'une de ses dents; grâce à ce tact merveilleux que possèdent seules les femmes intelligentes, vous devez arriver à juger des habitudes d'un individu, de sa tournure d'esprit, de la nature de ses préoccupations ordinaires, d'après sa manière de s'habiller, de se présenter, de parler. Avec de l'exercice vous arriverez assez vite à ne vous tromper que rarement dans le choix à faire entre les cinq ou six maladies qu'une somnambule doit connaître. »

FIN.

TABLE-DICTIONNAIRE

TABLE-DICTIONNAIRE [1].

ABDOMEN ou *ventre*. Fig. 3, p. 24.

ABSINTHE (*Liqueur d'*). 149.

ABSORPTION. 30 à 42.

— *digestive*. 33 à 39.— 111 à 155.

— *cutanée*. 39 à 41. — 174 à 198.

— *respiratoire*. 41. — 50 à 58.— 159 à 174.

ACCOUCHÉES (*Soins à donner aux nouvelles*). 298.

ACCOUCHEMENT. 289 à 299.

— (*Difficultés de l'*). 293 à 297.

— (*Hémorrhagie pendant l'*). 295.

ACIDES. Corps composés qui ont pour caractères d'avoir la saveur dite *acide*, de rougir la couleur bleue du tournesol, de se combiner avec les corps à réaction alcaline en faisant cesser plus ou moins complétement cette réaction, et de se porter au pôle positif de la pile lorsqu'on décompose au moyen du courant électrique les combinaisons dans lesquelles ils sont engagés.

— *azotique, carbonique, chlo-rhydrique, hypoazotique, sulfureux*. Voy. ces mots.

ACIDES VÉGÉTAUX. Boissons, 154. — Condiments, 130. — Cosmétiques, 192.

ADOLESCENCE. 104.

AFFECTION. 372. — 376.

AGES. 101 à 106.

AGONIE. 390.

AIGUËS (*Maladies*). 381.

AIL. 132.

AIR ATMOSPHÉRIQUE. Sa composition normale. 164.— Causes de sa viciation. 160 à 168. — Conditions physiques auxquelles il est soumis. 305 à 320.

ALBUMINE. Principe immédiat azoté qu'on rencontre à l'état fluide et en grande quantité dans le sang, dans le blanc de l'œuf, et dans la plupart des produits de sécrétion.

ALCALIS. Corps composés qui ont pour caractères distinctifs de verdir le sirop de violette, de rougir la couleur jaune du curcuma, de ramener au bleu les

---

(1) Les numéros de renvoi correspondent aux paragraphes. La pagination n'est indiquée que dans les renvois aux figures. L'indication (L. R.) marque que la définition qui la précède est tirée du dictionnaire de médecine de MM. Littré et Robin.

couleurs bleues végétales rougies par les acides, de remplir le rôle de *base* en présence des acides dans les combinaisons connues sous le nom de *sels*. Voy. *sels, bases, acides*.

Les alcalis sont des corps composés, soit d'un métal et d'oxygène, soit d'hydrogène et d'azote, soit d'hydrogène et de carbone, ou d'oxygène, d'hydrogène, d'azote et de carbone : ces derniers ont été nommés *alcalis végétaux* ou *alcaloïdes*.

ALCOOL. Liquide hydrocarboné obtenu par la distillation après fermentation des liqueurs sucrées, inflammable, incolore, d'une saveur âcre et brûlante, d'une odeur piquante et aromatique.

ALCOOLIQUES (*Liqueurs*). 148 à 151.

ALIMENTATION. 114 à 159.

ALLAITEMENT. 299 à 304.

ANATOMIE. Étude du nombre, des formes, de la situation, de la structure, en un mot, de tous les caractères apparents des corps organisés. (L. R.)

ANCHE. Languette mobile qui ouvre et ferme alternativement le passage de l'air dans un tuyau où on le fait vibrer. (L. R.)

ANÉVRYSME. Tumeur produite sur le trajet d'une artère par la dilatation de ses membranes. On a étendu ce nom aux dilatations du cœur. (L. R.)

ANIMALE (*Vie*). Voy. *vie*.

ANISETTE. 149.

ANUS. Orifice inférieur de l'intestin.

AORTE (*Artère*). Fig. 9, p. 45.

APOPLEXIE. Maladie caractérisée par une paralysie soudaine, spontanée, plus ou moins complète, plus ou moins étendue, plus ou moins durable, du sentiment et du mouvement. (L. R.) L'apo-

plexie est produite, dans le plus grand nombre des cas, par un épanchement de sang dans la substance du cerveau ou dans ses membranes, quelquefois par un épanchement de sérosité ; quelquefois, enfin, la cause matérielle des accidents échappe complétement aux investigations.

APPAREIL. Assemblage d'organes divers qui, par leur disposition réciproque et les rapports de leurs fonctions, constituent un ensemble dont l'activité tend vers un but unique.

APPAREIL *circulatoire*. 61 à 67. — Fig. 8, p. 44.

— *digestif*. 33 à 39. — Fig. 3, p. 24.

— *génital*. 270 à 275. — Fig. 4 et 5, p. 29. — Fig. 12, p. 177.

— *locomoteur*. 6 à 11.

— *phonateur* ou *vocal*. 256 à 259.

— *respiratoire*. 52 à 55. — Fig. 6, p. 35.

— *urinaire*. 44 à 47. — Fig. 4 et 5, p. 29.

APPEL (*Ventilation par*). 341.

ARGENT. Corps simple métallique, mou, d'un blanc terne.

— (*Nitrate d'*) ou *azotate d'argent*. Sel caustique résultant de la combinaison de l'acide nitrique ou azotique avec l'oxyde d'argent. Fondu et coulé en lingots, il constitue la pierre infernale.

ARGILEUX (*Sol*). 322.

ARSENIC. Corps simple, d'une couleur gris d'acier, qui se volatilise à une température peu élevée en répandant une odeur d'ail. Ses composés sont des poisons violents.

ARTÈRE AORTE. Fig. 9, p. 45.

ARTÈRES. 62. — Fig. 8, p. 44.

— *pulmonaires*. 64. — Fig. 9, p. 45.

ARTICULATIONS. 7.

ASPHALTE. 329.

ASPHYXIE. Suspension des phénomènes de la respiration. La suspension des fonctions cérébrales, de la circulation et de toutes les autres fonctions, est bientôt la conséquence de l'asphyxie.

ASSIMILATION. 26 à 30.

ATMOSPHÈRE. 305 à 320.

ATTAQUES. 385.

AUDITIF (*Conduit*). Fig. 11, p. 157.
— (*Nerf*). 234. — Fig. 11, p. 157.

AUDITION. 234 à 240.

AUDITIVE (*Sensibilité*). 20. — 234 à 240.

AUTOMATISME. 200.
— *et volonté*. 200 à 202.

AZOTE. Corps simple, gazeux, qui forme les quatre cinquièmes de l'air atmosphérique, et entre dans la composition de presque toutes les substances animales et végétales.

AZOTÉS (*Principes*). On donne ce nom à tous les principes immédiats qui renferment de l'azote, et se composent, par conséquent, essentiellement de carbone, d'oxygène, d'hydrogène et d'azote. Voy. *principes immédiats, albumine, caséine, fibrine, gélatine, gluten.*

AZOTIQUE (*Acide*) ou *nitrique*. Combinaison d'un équivalent d'azote avec cinq équivalents d'oxygène. L'acide azotique ne se rencontre dans le commerce et n'est employé dans l'industrie et dans la pharmacie que combiné avec de l'eau, c'est-à-dire *hydraté*.

BAINS. 175 à 188.
— *chauds*. 179.
— *d'étuve ou de vapeur*. 184.
— *froids*. 180 à 184.
— *russes et mores*. 183.
— *tièdes*. 178.

BAROMÈTRE. Instrument qui indique la pression ou le poids de l'air atmosphérique, et par conséquent les variations qui surviennent dans la pesanteur de l'atmosphère. (L. R.)

BAS. 354.

BASE. On donne le nom de *base* à l'élément, simple ou composé, qui, dans la décomposition par le courant voltaïque d'un composé de constitution définie, se rend au pôle négatif de la pile.

Ce terme est donc seulement relatif au rôle que joue l'élément basique dans la combinaison.

BASSIN. Fig. 1, p. 7.

BEURRE. 129.

BIÈRE. 147.

BILE. 36.

BILIAIRE (*Sécrétion*). 36.

BILIEUX (*Tempérament*). 90.

BILLARD (*Jeu de*). 248.

BISMUTH (*Sous-nitrate de*) ou *sous-azotate de bismuth*, sel à base de bismuth employé à la confection des blancs de fard, et, à l'intérieur, comme médicament.

BLOUSE. 356.

BŒUF (*Viande de*). 119.

BOISSONS. 135 à 155.

BOUCHE. Fig. 7, p. 36.

BRIQUES. 327.

BULBE RACHIDIEN. Fig. 2, p. 13.

CABINET *d'aisances*. 336.
— *de toilette*. 331.

CACAO. 151.

CAFÉ. 152.

CAISSE *du tympan*. 234. — Fig. 11, p. 157.

CALCAIRE (*Sol*). 322.

CALEÇON. 352.

CAMPHRE. Essence solide, blanche, très-volatile et très-combustible, qui existe dans un grand nombre de végétaux, mais qu'on retire presque exclusivement du *Laurus camphora*.

CANNELLE. 133.

CAPILLAIRES (*Vaisseaux*). 61. — Fig. 8, p. 44.

CAPRES. 131.

CAPUCINE. 131.

CARBONE. Corps simple, combustible, très-répandu dans la nature. Il forme dans le sein de la terre des masses plus ou moins considérables ; à l'état de pureté et cristallisé il constitue le diamant. Le carbone entre pour une large part dans la formation de tous les principes constituants solides et liquides des substances organiques.

CARBONE (*Oxyde de*). Combinaison gazeuse d'un équivalent de carbone avec un équivalent d'oxygène, qui se forme ordinairement dans les combustions rendues difficiles par insuffisance de l'accès de l'air. Indroduit dans le poumon par la respiration, l'oxyde de carbone rend les globules sanguins incapables de remplir leur rôle respiratoire, et tue par une véritable asphyxie.

CARBONIQUE (*Acide*). Combinaison gazeuse d'un équivalent de carbone avec deux équivalents d'oxygène ; produit constant des combustions et de la respiration.

CARPE. Fig. 1, p. 7.

CASÉINE. Principe immédiat azoté qui n'existe d'une manière certaine que dans le lait. Un principe analogue se trouve dans les semences de plusieurs légumineuses.

CASSIS. 149.

CATARRHALES (*Affections*). Affections des membranes muqueuses dont le caractère dominant, quelquefois unique, est une augmentation notable de la sécrétion habituelle de ces membranes.

L'état catarrhal complique souvent les inflammations aiguës ou chroniques des membranes muqueuses.

CAUSES *des maladies*. 392 à 395.

CAVES (*Veines*). Fig. 9, p. 45.

CÉLIBAT. 283.

CERFEUIL. 133.

CERVEAU. 14. — 199. — Fig. 2, p. 13.

CERVELET. 14. — Fig. 2, p. 13.

CERVICALES (*Vertèbres*). Fig. 1, p. 7.

CHALEUR ANIMALE. 70 à 73.

CHAMBRE *à coucher*. 333.

CHARBON. Maladie virulente grave, qui s'observe chez l'homme à la suite de l'inoculation directe ou indirecte de matières provenant de mammifères atteints de cette maladie, d'animaux surmenés, ou atteints du *sang de rate*, ou en voie de putréfaction, ou malades.

CHASSE. 248.

CHAUFFAGE. 342 à 345.

CHAUSSETTES. 354.

CHAUX. Protoxyde de calcium, alcali qu'on obtient en calcinant les carbonates calcaires naturels. Le phosphate de chaux constitue la partie pierreuse des os.

CHEMISE. 352.

CHEVEUX. Cosmétiques. 194 à 196.

CHLORE. Corps simple, gazeux, d'une couleur verdâtre, d'une odeur forte et pénétrante, exerçant sur les membranes muqueuses une action fortement irritante.

CHLORHYDRIQUE (*Acide*). Acide composé de volumes égaux d'hydrogène et de chlore, gazeux, très-soluble dans l'eau.

CHLOROSE. Vulgairement : *pâles couleurs*. Trouble général de la nutrition dont les signes sont : pâleur excessive avec teinte jaunâtre ou verdâtre de la peau, mollesse des chairs, absence d'appétit, digestions difficiles et pénibles, palpitations, gène de la respiration, lassitudes spontanées, tristesse, névralgies diverses.

Ces traits sont ceux de la chlorose de la femme, et représentent certainement un état complexe dans lequel la souffrance de l'appareil génital joue un rôle important. On s'est peu occupé de la chlorose de l'homme, relativement rare; c'est cependant d'après elle qu'il conviendrait d'esquisser le tableau des désordres caractéristiques de la chlorose, afin d'éviter la confusion que nous venons de signaler dans les descriptions de cette maladie faites d'après des femmes.

CHLORURE DE SODIUM, vulgairement *sel marin*, composé de chlore et de sodium.

CHOLÉRA. Maladie aiguë dont les symptômes les plus apparents sont des vomissements nombreux, des selles répétées de matières bilieuses, et un refroidissement de la peau de tout le corps avec sensation d'une chaleur intérieure très-vive.

Le choléra se montre tantôt à l'état sporadique, et tantôt règne épidémiquement. Sa gravité est généralement beaucoup moindre dans le premier cas.

CHOROÏDE. Fig. 10, p. 153.

CHRONIQUE (*Maladie*). 381.

CHYLE. 68.

CHYLIFÈRES (*Vaisseaux*). 68.

CIBOULE. 132.

CIDRE. 145.

CINABRE. Sulfure rouge de mercure.

CIRCONCISION. Opération qui consiste à retrancher circulairement une portion du prépuce.

CIRCULATION. 61 à 70. — 241.

— (*Influence de l'exercice sur la*). 241.

— *lymphatique*. 67 à 70.

— *sanguine*. 61 à 67.

CITRON (*Jus de*). 130.

CLAVICULE. Fig. 1, p. 7.

COCCYX. Fig. 1, p. 7.

COECUM. Fig. 3, p. 24.

COEUR. 63. — Fig. 3, p. 24. — Fig. 8, p. 44. — Fig. 9, p. 45.

COÏT. Voy. *rapprochement sexuel*.

COL *de l'utérus*. Fig. 12, p. 177.

COLD-CREAM. 190.

CÔLON. Fig. 3, p. 24.

COLOSTRUM. 299.

COMPLICATION. 388.

CONDIMENTS. 123 à 135.

CONGESTION. On appelle *congestion* tout afflux de sang dans les vaisseaux d'un organe d'ailleurs sain. La congestion suppose donc un trouble, soit permanent, soit momentané, dans la circulation. Les organes les plus vasculaires, tels que le poumon, la rate, le foie, et ceux qui reçoivent plus immédiatement l'abord du sang, tels que le poumon et le cerveau, sont ceux qui éprouvent le plus souvent les effets de la congestion. (L. R.)

Un préjugé populaire, qui a commencé par être un préjugé médical, veut que les phénomènes de congestion soient toujours combattus avantageusement par les émissions sanguines. Or, la congestion est l'effet de causes que les émissions sanguines ne suppriment pas, qu'elles exagèrent même le plus souvent.

CONJONCTIF (*Tissu*). Tissu lamineux auquel on ne connaît pas jusqu'ici d'autre rôle que celui d'unir entre eux les éléments anatomiques, de combler les vides qui existent entre les organes, et de former la trame inerte des tissus qui semblent n'avoir d'autre propriété que celle de se nourrir.

CONSANGUINITÉ. 95.

CONSOMPTION DORSALE. On a confondu jusqu'ici sous ce nom toutes les maladies chroniques dans lesquelles un épuisement progressif coïncide avec l'affaiblissement ou la paralysie des membres inférieurs.

CONSTIPATION. Difficulté d'aller à la selle. Des différences profondes existent entre les mécanismes des constipations, qui reconnaissent pour causes, tantôt le volume considérable et la dureté des masses fécales, tantôt le défaut d'action des organes chargés d'expulser celles-ci.

La première forme est la constipation des gens qu'on dit vulgairement *échauffés*. Elle est caractérisée par la grosseur, la dureté et la sécheresse des matières, est le plus ordinairement passagère, et cède aux moyens dits *rafraîchissants* (boissons acidules et mucilagineuses, bains et lavements tièdes, purgatifs salins administrés à petite dose dans un véhicule aqueux abondant).

La seconde forme, méconnue par les malades toutes les fois qu'elle ne coïncide pas avec la rareté du besoin d'aller à la selle, est compatible avec une consistance molle ou peu dure des matières fécales. Elle présente toutefois un caractère sur lequel les malades ne se trompent jamais : c'est l'inanité relative des efforts de défécation qui, partant de la base de la poitrine et de la paroi abdominale, semblent *se perdre en route*.

Cette forme de constipation, extrêmement fréquente chez les femmes et chez les gens adonnés aux travaux intellectuels, cède aux purgatifs drastiques administrés fréquemment à petites doses. Voy. *purgatifs*.

Mais ici, comme pour la première forme, les lavements et les purgatifs sont des expédients sans action sur la cause de la constipation. L'inertie intestinale à laquelle doit être attribuée la constipation des femmes, des gens de lettres, des personnes qui ont abusé des lavements ou des purgatifs, réclame un traitement local ou général d'une autre nature. (Électrisation de l'intestin, hydrothérapie, exercice, séjour à la campagne, régime convenable.)

CONSTITUTION. 84.

CONTAGION. 167-170.

CONTINENCE (*Effets de la*). 77.

CONTRACTILITÉ. Propriété vitale élémentaire, caractérisée par ce fait que, alternativement, l'élément ou la substance organisée qui en jouit se raccourcit dans un sens, et augmente de diamètre dans l'autre. (L. R.)

CONTRE-BAS (*Ventilation en*). 339.

CONVALESCENCE. 387.

CORAIL (*Poudre de*). 196.

CORDES VOCALES. 256. — Fig. 7, p. 36.

CORDON OMBILICAL. 292.

CORNÉE TRANSPARENTE. 229. — Fig. 10, p. 153.

CORPS VITRÉ. 229.—Fig. 10, p. 153.

COSMÉTIQUES. 188 à 198.

CÔTES. Fig. 1, p. 7.

COTON (*Toile de*). 347 — 350 — 351.

COULEUR *des vêtements*. 349.

COURSE. 246.

COXAL (*Os*). Fig. 1, p. 7.

CRANE. Fig. 1, p. 7.

pliquant à des corps qui peuvent fort bien n'être pas des *éléments* lorsqu'on les envisage isolément.

EMPIRISME. 398.

ENCÉPHALE. 14.

ENDÉMIQUES (*Maladies*). 168.

ENFANCE. 101 à 103.

ENGORGEMENT. Appliqué aux vaisseaux ou aux conduits excréteurs, le mot *engorgement* indique que le cours des liquides y est empêché ou gêné.

Appliqué aux tissus, il désigne l'interposition entre leurs éléments anatomiques d'une exsudation liquide, demi-solide, ou solide. L'engorgement par exsudation liquide prend le nom d'*infiltration*.

ENTENDEMENT. 21 — 201 à 220.

ENTRAÎNEMENT. 252.

ÉPIDÉMIQUES (*Maladies*). 169 à 174.

ÉPIDERME. 32 — 39.

— Son rôle dans le toucher. 222.

ÉPIGLOTTE. Fig. 7, p. 36.

ÉPILATOIRES (*Pâtes*). 197.

ÉPITHÉLIUM. 32 — 40.

ÉQUITATION. 246 — 247.

ÉQUIVALENT. Les combinaisons chimiques ayant toutes lieu entre des proportions définies des éléments qui concourent à les former, et ces proportions étant, pour chaque élément, des multiples les unes des autres, il a été possible de figurer d'une manière assez simple la constitution des divers composés par des formules, en faisant représenter au signe de chaque élément, en même temps que la nature de celui-ci, la quantité pour laquelle il entre dans les combinaisons où sa proportion est le plus faible. C'est cette dernière quantité qu'on appelle l'*équivalent* d'un élément donné.

ESCALIERS. 335.

ESCRIME. 246.

ESTOMAC. 35. — Fig. 3, p. 24.

EXCÈS *vénériens*. 279.

EXCRÉTIONS. 43 à 58.

— *cutanée*. 47 à 50.

— *intestinales*. 155 à 157.

— *respiratoires*. 50 à 58.

— *urinaire*. 44 à 47 — 157 à 159.

EXERCICE. 240 à 268.

EXPIRATION. 54.

EXPOSITION. 320.

EXPULSIVES (*Douleurs*). 289.

FACE. Fig. 1, p. 7.

FACIAL (*Nerf*). Fig. 2, p. 13.

FARDS. 197.

FARINEUX (*Digestibilité des*). 122.

FATIGUE. 243 — 244 — 260 — 429.

FÉBRILE (*Maladie ou état*). État dans lequel il existe de la fièvre. Voy. *fièvre*.

FÉCONDATION. 270 à 275.

— Son influence sur la sécrétion du lait. 302.

FÉCULE. Synonyme d'*amidon*. Substance blanche, pulvérulente, sans saveur, insoluble dans l'eau froide, mais très-soluble dans l'eau bouillante avec laquelle elle forme une gelée par le refroidissement. L'amidon s'extrait des graines ou des tubercules des végétaux.

FÉCULENTS. Liquides chargés de fécule ; — aliments riches en fécule.

FÉMUR. Fig. 1, p. 7.

FER. Corps simple métallique, très-répandu dans la nature, et dont il existe des traces dans les globules du sang.

FERMENTATION. Réaction spontanée qui se produit dans un composé d'origine organique, par la seule présence d'une substance organisée (ferment) qui ne cède rien au corps qu'elle décompose.

FIBRINE. Principe immédiat azoté, naturellement liquide, mais pouvant se coaguler en masses demi solides, élastiques, grisâtres. La fibrine existe en grande quantité dans la chair musculaire; on en trouve dans la lymphe, le chyle, le sang et certains liquides émanés du sang.

FIÈVRE. État maladif caractérisé par l'accélération du pouls et une augmentation de la chaleur de la peau.

— *continue*. Celle qui ne présente ni intermission ni rémission, mais des paroxysmes ou exacerbations.

— *intermittente*. Celle qui apparaît et disparaît successivement à des intervalles réguliers plus ou moins éloignés, intervalles pendant lesquels n'existe plus le mouvement fébrile.

— *jaune*. Fièvre continue, ordinairement épidémique, observée surtout en Amérique, des États-Unis au Brésil.

— *de lait*. Fièvre éphémère qui survient du troisième au quatrième jour après l'accouchement, et coïncide avec l'établissement de la sécrétion lactée. 299.

— *pernicieuse*. Fièvre intermittente dont les symptômes sont si graves et la marche si insidieuse, qu'elle se termine souvent par la mort dès les premiers accès.

— *typhoïde*. Fièvre continue avec stupeur, accompagnée d'une lésion intestinale.

FLANELLE. 353.

FŒTUS. On donne ce nom au produit de la conception depuis le deuxième mois environ de la grossesse jusqu'au moment où il est expulsé de la matrice. Avant d'être *fœtus*, il était *embryon*.

FOIE. 36. — Fig. 3, p. 24.

FONCTION. Acte spécial qu'exécute chaque élément, chaque organe, chaque appareil.

FORMES *des maladies*. 380 à 383.

FOSSES NASALES. Fig. 7, p. 36.

FRUITS (*Digestibilité des*). 122.

GASTRIQUE (*Sécrétion*). 35.

GÉLATINE. Substance organique azotée, soluble dans l'eau, qui s'obtient par la coction prolongée des tissus blancs fibreux ou membraneux.

GÉNÉRALES (*Maladies*). 376.

GÉNÉRALISATION *des maladies*. 409.

GÉNÉRATION. Production d'un nouvel être semblable à celui ou ceux dont il tire son origine; fonction commune à tous les êtres organisés vivants. (L. R.)

GENÉVRIER (*Baies du*). Condiment. 133. — Boisson. 146.

GENIÈVRE. 149.

GENIÉVRETTE. 146.

GÉOLOGIQUE (*Nature*) *du sol*. 322.

GESTATION. 286 à 289.

GILET. 355.

GINGEMBRE. 134.

GLANDES. Organes tubulaires ou en forme de cul-de-sac dans lesquels se produit un liquide spécial, différent des liquides qui se trouvent dans les autres tissus. Les éléments glandulaires, quelquefois disséminés dans certains tissus, sont souvent réunis en grand nombre, de manière à former par leur agglomération des masses globuleuses distinctes.

GLOBE OCULAIRE. 229. — Fig. 10, p. 153.

GLOBULES SANGUINS. Petits disques circulaires de couleur rouge, qui nagent en nombre immense dans le sang, et lui donnent sa coloration. Les globules sanguins sont les éléments anatomiques respirateurs par excellence; ce sont eux qui, dans le poumon, fixent surtout l'oxygène de l'air.

GLOTTE. 256.

GLUTEN. Principe immédiat azoté, appelé encore *fibrine végétale*, qui, mêlé intimement avec l'a-midon, le sucre, l'albumine et le mucilage, concourt à former la partie comestible des céréales.

GOMMES. On confond sous ce nom une foule de substances hydro-carbonées, solides, incristallisa-sables, incolores quand elles sont pures, inaltérables à l'air, sans odeur, sans saveur marquée, qui épaississent l'eau en la ren-dant mucilagineuse.

GOUT. 223 à 226.

GOUTTE. Perturbation générale de la nutrition qui finit par se ma-nifester par des douleurs vives des orteils, puis des petites arti-culations, par des troubles di-gestifs, et quelquefois par des affections des membranes de l'estomac, du cerveau, des pou-mons, du cœur. Lorsqu'elle a longtemps affecté une articula-tion, la goutte y détermine la formation de concrétions d'urate de soude.

GRAISSES. Substances hydrocarbo-nées insolubles dans l'eau, so-lubles dans l'alcool chaud et l'éther, brûlant à l'air en donnant du noir du fumée.

Les graisses sont le résultat de la combinaison de certains acides organiques, dits *acides gras*, avec une base : la *glycérine*.

GRANITIQUE (*Sol*). 322.

GRAS (*Cosmétiques*). 193.

GRENIERS. 330.

GROSSESSE. 286 à 289.

GUSTATIVE (*Sensibilité*). 20 — 223 à 226.

GYMNASTIQUE. 246.

HABIT. 355.

HABITATIONS. 325 à 345.

HABITUDE. 99 à 101.

— Ses rapports avec l'instinct. 205 à 208.

HÉMORRHAGIE. Effusion d'une quan-tité notable de sang. (L. R.)

— *pendant l'accouchement*. 295.

HÉMORRHOÏDES. Tumeurs formées par les veines du rectum lors-quelles viennent à se dilater. Ces tumeurs déterminent sou-vent un écoulement de sang par l'anus : *flux hémorrhoïdal*.

HÉRÉDITÉ. 92 à 99.

HOMOEOPATHIE. 414 à 422.

HUILES. Corps gras qui conservent l'état liquide à la température de 15° à 20° centigrades, et, à plus forte raison, au-dessus. (L. R.)

— Leur rôle alimentaire. 129.

— Cosmétiques. 190.

— *essentielles* ou *volatiles*. Ter-mes impropres servant à dési-gner des liquides sans visco-sité, très-volatils, n'ayant au-cune analogie avec les huiles, et qu'on a mieux nommés *essences*.

— *fines* ou *grasses*. Ce sont les huiles proprement dites. Elles ne sont pas volatiles.

HUMÉRUS. Fig. 1, p. 7.

HUMEUR AQUEUSE. 229. — Fig. 10, p. 153.

HUMUS. Matière brune provenant de la décomposition et de la com-bustion lente des substances or-ganiques dans le sol ou à sa surface. (L. R.)

HYDROCARBONÉES (*Substances*). On emploie généralement ce nom pour désigner les matières orga-niques dans lesquelles il n'entre pas d'azote, et qui sont, par conséquent, composées esssen-tiellement de carbone, d'hydro-gène et d'oxygène. Tels sont les

se trouve mal à l'aise. Enfin, dans un grand nombre de cas, le sujet auquel les mouvements de la natation seraient utiles ne sait pas nager.

En vue d'éviter ces difficultés, nous avons imaginé un appareil (fig. 13) qui permet d'exécuter à sec tous les mouvements qu'exige l'exercice de la natation.

Quatre cordes, réunies deux à deux à leur partie supérieure et

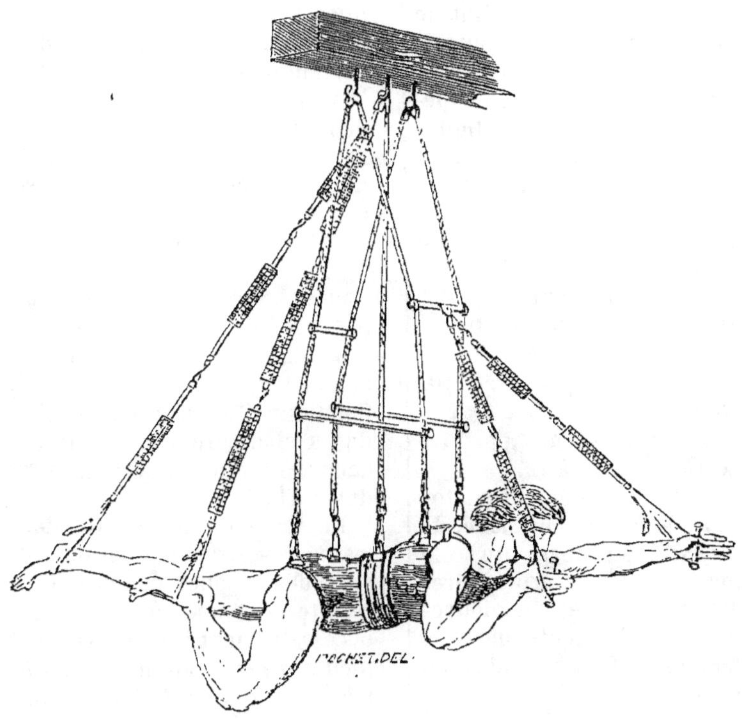

Fig. 13.

attachées inférieurement à un plastron de forte toile, soutiennent dans la position horizontale la personne à exercer. Les extrémités inférieures de ces cordes se relient au plastron par des bourrelets annulaires plats destinés à embrasser les épaules et les aînes. La partie moyenne du plastron se prolonge latéralement de manière à former une ceinture lâche offrant prise à un cordage vertical qui complète la sustentation du tronc.

Le sujet étant ainsi commodément suspendu, il reste à soutenir les membres, et à opposer à leur extension des résistances qui reproduisent autant que possible celles d'un milieu liquide dans lequel on nagerait. Pour cela, les mains et les pieds entrent dans des guêtres auxquelles s'attachent des cordons élastiques fixés par leur autre extrémité à la partie moyenne d'échelons qui relient les deux cordes destinées aux aînes et aux épaules. Plusieurs ressorts à boudin contribuent à donner une élasticité suffisante à chacun de ces cordons résistants; à défaut de ressorts, le même but pourrait être atteint au moyen de cordes de caoutchouc. Le bout supérieur des résistances élastiques sera attaché d'autant plus haut, que les membres du nageur auront plus besoin d'être portés.

Cet appareil a été exécuté par M. Chéron - Lamartinière chez qui il sert depuis un an à donner des leçons de natation.

NATURE *médicatrice*. 395 à 397.

NERF *optique*. 229. — Fig. 10, p. 153.

NERFS. 12 — 15. — Fig. 2, p. 13.

NERVEUX (*Centre*). 13 à 19.

— (*Élément*). Tout élément anatomique doué de *sensibilité*, de *motricité*, ou jouant un rôle dans les actes intermédiaires à la sensation et au mouvement. Les éléments nerveux affectent la forme de fibre ou de cellule.

— (*Système*). Ensemble de tous les éléments nerveux, de tous les organes constitués exclusivement ou presque exclusivement par ces éléments.

— (*Tempérament*). 87.

NEUTRALITÉ. État des corps qui ne rougissent pas les couleurs bleues végétales, et ne ramènent pas au bleu ces couleurs rougies par les acides, c'est-à-dire qui ne présentent les réactions caractéristiques ni des *acides* ni des *alcalis*.

NEUTRES (*Sels*). On donne ce nom aux sels formés par la combi-naison d'un équivalent d'*acide* avec un équivalent de *base*. C'est là une dénomination mauvaise en ce qu'elle est contradictoire avec la notion de *neutralité*, les *sels* dits *neutres* présentant souvent les réactions caractéristiques des acides et des alcalis.

NÉVRALGIES. Nom générique d'un certain nombre de maladies dont le principal symptôme est une douleur vive, exacerbante ou intermittente, qui suit le trajet d'une branche nerveuse et de ses ramifications, sans rougeur, chaleur, tension ni gonflement.

(L. R.)

NÉVROSES. Nom générique des maladies qu'on suppose avoir leur siège dans le système nerveux, et qui consistent en un trouble fonctionnel sans lésion sensible de la structure des parties, ni agent matériel apte à le produire. (L. R.)

De ce qu'on ne connaît, dans les névroses, aucune lésion sensible des organes nerveux, il ne résulte pas que ceux-ci soient nécessairement intacts. On doit même *à priori* admettre le contraire et que la lésion échappe seulement à nos moyens d'investigation actuels.

NOSOLOGIE. 370 à 411.

NUTRITION (*Vie de*). Voy. *vie*.

OCCUPATIONS. 240 à 260.

OCULAIRE (*Globe*). 229. — Fig. 10, p. 153.

ODORAT. 226 à 229.

ŒIL. Fig. 10, p. 153.

ŒSOPHAGE. Fig. 7, p. 36.

ŒUF. On nomme vulgairement ainsi une masse qui se forme dans les ovaires et oviductes d'un grand nombre d'animaux, et qui, sous une enveloppe commune, renferme le germe d'un animal futur, avec des liquides destinés à le nourrir pendant un certain laps de temps, lorsque l'impulsion vitale lui a été communiquée par la fécondation et l'incubation.

Les physiologistes prennent le mot œuf dans un sens plus général, et désignent par là tout rudiment d'un nouvel être organisé qui donne naissance au produit de la génération à l'aide du concours de deux sexes, ou fécondation. (L. R.)

ŒUFS. Leur digestibilité. 121.

OIGNON. 132.

OISEAUX *(Chair des)*. Sa digestibilité. 119.

OLFACTIVE *(Sensibilité)*. 20 — 226 à 239.

OMBILICAL *(Cordon)*. 292.

OMOPLATE. Fig. 1, p. 7.

OPIATS. 196.

OPTIQUE *(Nerf)*. 229. — Fig. 2, p. 13. — Fig. 10, p. 153.

— *(Sensibilité)*. 20 — 229.

OREILLE. 234. — Fig. 11, p. 157.

OREILLETTES. Voy. *cœur*.

ORGANICISME. 401 à 406.

ORGANIQUE *(Matière)*. Matière constituant les corps qui vivent ou ont vécu, ou provenant de ces corps.

— *Vitalisme)*. 406.

ORGANIQUES *(Éléments)*. Dernières parties auxquelles on puisse, par l'analyse anatomique, c'est-à-dire sans décomposition chimique, mais par simple dédoublement successif, ramener les tissus et les humeurs. Ils sont de deux ordres, suivant qu'on les envisage au point de vue de la forme ou de la composition chimique : les *éléments anatomiques*, et les *principes immédiats*.

ORGANISÉE *(Matière)*. Matière qui offre à la fois les caractères de composition chimique et de forme que donne seule l'évolution vitale, et qui sont nécessaires au maintien de la vie.

Quand l'une de ces conditions, forme ou composition, vient à manquer, la matière organisée devient de la matière organique.

OSSELETS *de l'oreille*. 234.

OUÏE. 234 à 240.

OVAIRE. 271. — Fig. 12, p. 177.

OVULE. On donne ce nom au produit des ovaires duquel dérive directement l'embryon après la fécondation. (L. R.)

OXYDE. On donne le nom d'*oxydes* aux composés neutres ou à réaction alcaline d'oxygène et d'un métalloïde ou d'un métal. Le terme *oxyde* est un terme générique qui a un sens absolu et désigne un groupe de composés nombreux en espèces. Il n'est donc point synonyme de *base* ni d'*alcali*, et n'a pas deux sens, l'un relatif, l'autre absolu. (L. R.)

— *de carbone*. Voy. *carbone*.

OXYGÈNE Corps simple gazeux qui, par sa combinaison avec l'hydrogène, forme l'eau; et dont le mélange avec l'azote constitue l'air. C'est l'oxygène qui, fixé par les globules du sang dans la respiration, fournit l'élément nécessaire aux phénomènes d'oxydation ou de combustion qui s'accomplissent au sein de tous les tissus vivants. L'oxygène constitue l'élément électro-négatif de tous les oxydes, de la plupart des acides, et, d'une manière générale, de toutes les combinaisons dans lesquelles il entre.

OZONE. 316.

PALAIS *(Voile du)*. Fig. 7, p. 36.

— *(Voile du)*. Fig. 7, p. 36.

POTASSE. Oxyde de potassium, alcali minéral.

POULS. 65.

POUMON. 53 à 57. — Fig. 3, p. 24. — Fig. 6, p. 35.

PRÉDISPOSANTES (*Causes*). 394.

PRÉPARANTES (*Douleurs*). 289.

PRÉPUCE. Prolongement de la peau de la verge, qui en recouvre l'extrémité.

PRESBYOPIE. 233.

PRESSION *atmosphérique*. 317 à 319.

PRÉVENTIF (*Traitement*). 402.

PRINCIPES IMMÉDIATS. On nomme *principes immédiats* les composés organiques dont on ne peut séparer plusieurs sortes de matières sans en altérer évidemment la constitution et la nature. On les obtient en soumettant la matière organisée à des dissolutions, coagulations ou cristallisations successives, et évitant en même temps d'en opérer la décomposition chimique. (L. R.)

PROFESSIONS. 253 à 255.

PRONOSTIC. 374 à 376.

PROPRIÉTÉ. On donne ce nom au mode d'activité qui appartient en propre à chaque corps, qui lui est inhérent, qui lui permet d'agir d'une manière déterminée sur nous et sur les autres corps. Toute propriété envisagée dans ses relations avec les autres propriétés de même ordre ou d'ordres différents prend le nom de *force*. (L. R.)

PUBERTÉ. 108.

PULMONAIRES (*Artères*). Fig. 6, p. 35. — Fig. 9, p. 45.

— (*Veines*). Fig. 9, p. 45.

— (*Vésicules*). Culs-de-sac terminaux des derniers canalicules bronchiques. Ces culs-de-sac ne forment pas, à proprement parler, des vésicules, leur diamètre n'excédant que peu celui du canalicule.

PUPILLE. 229. — Fig. 10, p. 153.

PURGATIFS. Nom sous lequel on comprend les médicaments qui provoquent des selles.

On a divisé les purgatifs en plusieurs classes qui peuvent se réduire à deux : les purgatifs *doux*, et les purgatifs *énergiques*, communément désignés sous le nom de *drastiques*. Beaucoup de purgatifs ne sauraient être rattachés d'une manière fixe à l'une de ces deux divisions, l'action produite pouvant dépendre autant du mode d'administration du médicament que de sa nature. Ainsi, les purgatifs salins, administrés à petite dose dans un véhicule aqueux abondant, sont des purgatifs doux; pris en solution très-concentrée, ils agissent à la manière des drastiques.

Les purgatifs drastiques les plus énergiques sont les seuls qui puissent agir sous un assez petit volume pour être administrés facilement en pilules. C'est ce qui explique comment ils sont devenus l'objet d'un commerce dangereux qui a pris, de nos jours, un immense développement.

QUARANTAINES. 173.

QUINQUINA. L'écorce des quinquinas contient des alcaloïdes et une substance analogue au tanin, qui fournissent à la pharmacie des médicaments très-précieux comme fébrifuges et toniques.

RACINES *nerveuses*. 15. — Fig. 2, p. 13.

RADIUS. Fig. 1, p. 7.

RAGE. Maladie convulsive qui se développe chez l'homme un certain nombre de jours après que celui-ci a été mordu par quelque animal enragé. Le seul moyen de la prévenir qui ait paru efficace est la cautérisation immédiate et profonde de la morsure, préalablement lavée et ventousée, avec le fer rouge ou le chlorure d'antimoine. La maladie une fois déclarée n'a jamais pu, jusqu'ici, être arrêtée dans sa marche par aucun traitement ; constamment on l'a vue déterminer la mort.

La rage peut se développer spontanément chez le chien, le loup, le renard, le chat.

Comme c'est presque toujours du chien domestique que l'homme reçoit cette terrible maladie, il est important que chacun connaisse les signes qui font reconnaître ou au moins présumer qu'un chien est enragé. Nous les résumons donc ici d'après un rapport fait à l'académie de médecine par M. Bouley.

Au début de la maladie, le chien montre une humeur sombre, une agitation inquiète qui le porte à changer continuellement de position. Il cherche la retraite, obéit encore, mais lentement et comme à regret. Crispé sur lui-même, il tient sa tête cachée profondément entre sa poitrine et ses jambes de devant. — Il y a, à la même période, et, plus tard, pendant les intermittences des accès, une espèce de délire caractérisé par des mouvements étranges qui dénotent que l'animal voit des objets, et entend des bruits qui n'existent que dans son imagination. — Puis, l'agitation du chien augmente : il va, vient, rôde incessamment d'un coin à un autre,

se lève, se couche, et change de position de toute manière. — Il cherche et fouille sans cesse sans rien trouver. — Le chien enragé n'a pas horreur de l'eau ; il boit, quand il peut, et n'y renonce qu'à cause de l'impossibilité d'avaler. Il ne refuse pas toujours sa nourriture ; mais il s'en dégoûte promptement. — Soit qu'il y ait dépravation de l'appétit ou besoin fatal ou impérieux de mordre, l'animal saisit avec ses dents, déchire, broie et avale enfin une foule de corps étrangers à l'alimentation. — Le chien enragé dont la gueule est sèche fait avec ses pattes de devant, de chaque côté de ses joues, les gestes qui sont naturels au chien dans l'arrière-gorge ou entre les dents duquel un os incomplétement broyé s'est arrêté ; il faut donc se défier de ce geste. — Se défier aussi d'un chien qui vomit du sang. — L'aboiement du chien enragé est modifié d'une manière caractéristique. Au lieu d'éclater avec sa sonorité normale, et de consister dans une succession d'émissions égales en durée et en intensité, il est rauque, voilé, plus bas de ton ; et, à un premier aboiement fait à pleine gueule, succède immédiatement une série de trois ou quatre hurlements décroissants qui partent du fond de la gorge, et pendant l'émission desquels les mâchoires ne se rapprochent qu'incomplétement, au lieu de se fermer à chaque coup, comme dans l'aboiement franc. — Se méfier d'un chien qui ne se montre pas sensible à la douleur dans la mesure qu'on sait lui être particulière, ou qui porte sur le corps des écorchures à vif récentes et d'origine inconnue. — Le chien enragé est particulièrement exaspéré par la vue d'un autre chien. — Il y a lieu de tenir tout au moins pour suspect le chien qui, après avoir quitté pendant un jour ou deux le toit domestique, y revient, surtout s'il est dans un état misérable; à ce moment, la propension à mordre est devenue impérieuse et domine le sentiment affectueux. — Il est beaucoup de chiens chez lesquels l'attachement pour leur maître semble d'abord avoir augmenté, et qui le témoignent en lui léchant les mains et le visage. La persévérance, même dans les périodes avancées de la maladie, des sentiments d'affection du chien envers les personnes auxquelles il est attaché est d'ailleurs une des particularités les plus curieuses et les plus importantes à connaître. — Avant que l'animal se montre tout à fait furieux et exprime sa fureur par des morsures, un assez long délai s'est écoulé pendant lequel le chien demeurait inoffensif, bien que déjà sa maladie fût nettement déclarée. — Quand la maladie est arrivée à la période qui se caractérise par des accès de fureur, la physionomie du chien est terrible : son œil brille d'une lueur sombre ; à la moindre excitation, il s'élance poussant son hurlement guttural. A cet état d'excitation succède bientôt une profonde lassitude ; l'animal, épuisé, demeure quelque temps insensible à tout ce qu'on peut faire pour l'irriter. Puis tout à coup il se réveille, bondit en avant, et entre dans un nouvel accès. — Le chien enragé ne conserve pas longtemps une démarche libre. Épuisé par les fatigues de ses courses, par les accès de fureur auxquels il a trouvé en route l'occasion de se livrer, par la faim, par la soif, et sans doute aussi par l'action propre de sa maladie, il ne tarde pas à faiblir sur ses membres. Alors il ralentit son allure, et marche en vacillant. Sa queue est pendante, sa tête inclinée ; de sa gueule béante s'échappe une langue bleuâtre et souillée de poussière. — Après des accès plus faibles alternant avec des temps de sommeil, le chien enragé finit par la paralysie.

RAIFORT. 131.

RAPPROCHEMENT SEXUEL. 275 à 283.

RATE. Fig. 3, p. 24.

RATIONNELLE (*Médication*). 398.

RÉACTION. Résistance active à un effort quelconque. — Tout phénomène organique qui succède à l'action passagère d'une influence tendant à provoquer un phénomène inverse.

Cette dénomination doit être étendue à toutes les manifestations d'activité organique envisagées dans leur rapport avec la cause qui les a produites. On arrivera ainsi, sans être en contradiction avec l'acception actuelle qui est seulement trop restreinte, à comprendre la réaction physiologique comme la réaction chimique, et à y voir la manifestation des propriétés d'un corps provoquée par l'action d'un autre corps.

RECHUTE. 388.

RÉCIDIVE. 388.

RECTUM. Fig. 3, p. 24.

RÉFLEXES (*Phénomènes*). Se dit de certains mouvements qui succèdent à des *sensations* ou à des *phénomènes de sensibilité sans conscience*, c'est-à-dire dans lesquels l'*impression* et la *transmission* ayant lieu comme dans tout autre nerf, l'acte correspondant à la *perception* n'a pas lieu, à proprement parler, et reste borné à une action sur les nerfs moteurs correspondants à ceux de sensibilité qui ont été impressionnés. (L. R.)

Les phénomènes réflexes comprennent non-seulement ces mouvements circonscrits, mais tous les phénomènes moteurs, quelle qu'en soit l'étendue, dans lesquels il n'y a eu intervention préalable ni de la volonté ni du raisonnement.

RHUMATISME. État douloureux aigu ou chronique, tantôt d'apparence spontanée, tantôt reconnaissant une cause déterminante extérieure nettement appréciable, mais paraissant dépendre surtout de l'existence de conditions organiques sur lesquelles nous ne possédons encore aucune notion. Aussi a-t-on décrit sous le nom de rhumatismes les états morbides les plus divers.

SATURATION. La saturation réciproque de deux corps a lieu lorsque ces corps sont mélangés dans des proportions telles, qu'ils se combinent pour former un composé défini différant sensiblement de chacun des composants par l'ensemble de ses propriétés.

Le terme *saturation* est fréquemment employé d'une manière impropre comme synonyme de *neutralisation*. Voy. *neutralité*.

SAVONS. 189. Composés résultant de l'action des bases alcalines sur les corps gras. Pendant longtemps on les a crus formés par la combinaison directe des corps gras et de l'alcali; mais on sait aujourd'hui que, dans l'acte de la saponification, chaque corps gras se décompose en un acide qui se combine avec l'alcali, et en glycérine. (L. R.)

Le nom de savons est fréquemment étendu à tous les sels que forment les acides gras avec une base quelconque. C'est ainsi que M. F.-M. Tripier a donné le nom de *savons médicamenteux* à toute une classe de sels organiques qu'il a formés en combinant les acides gras aux alcaloïdes organiques doués de vertus médicinales.

SCROFULEUSE (*Maladie*). La scrofule consiste en un vice général de nutrition dont la physionomie rappelle, en les exagérant, les

traits du tempérament lymphatique. Quant aux affections par
lesquelles se manifeste surtout
l'état scrofuleux, elles sont très-
variées et intéressent plus particulièrement les ganglions lymphatiques, les poumons, la peau,
les os.

SÉCRÉTION en général. 45.
— *biliaire*. 36.
— *digestives*. 33 à 38.
— *gastrique*. 35.
— *intestinale*. 38.
— *pancréatique*. 36.
— *salivaire*. 34.

SÉDATIF. Qui calme, apaise, diminue une réaction exagérée de
quelque ordre quelle soit.

SEL MARIN. Chlorure de sodium,
combinaison du chlore, corps
simple, gazeux, avec le sodium, corps simple, métallique.
— Condiment. 127.

SELS. Soumis à l'action du courant voltaïque, les corps composés de constitution définie subissent une décomposition par
séparation de leurs principes
constituants. De ces derniers,
l'un, dit *électro-négatif*, se rend
au pôle positif de la pile, tandis
que l'autre, dit *électro-positif*,
se rend au pôle négatif.

On donne au composé primi-
tif le nom de *sel* lorsque ses éléments électro-positif et électro-
négatif sont eux-mêmes des corps
composés, minéraux ou organiques.

On refuse le nom de *sels* aux
composés que le courant de la
pile décompose en éléments
simples. Mais, dans tous les
cas, on désigne sous le nom de
base l'élément, simple ou composé, qui se porte au pôle négatif, c'est-à-dire l'élément électro-
positif.

SÉMINALES (*Vésicules*). 272.

SENSATION. En général. 12-13-16-
17. Toute sensation, tout phénomène de sensibilité spéciale
ou générale se compose de
trois actes différents : 1º l'*impression*, 2º la *transmission*,
3º la *perception*. Le premier
de ces phénomènes est l'action
exercée par un objet extérieur
à nous, soit directement sur
les extrémités nerveuses de
certains appareils (rétine, nerf
auditif), soit sur le tissu où se
terminent les tubes nerveux,
et, par suite, indirectement
sur ces extrémités (papilles
cutanées et linguales, organe
de l'olfaction), soit enfin sur le
trajet même des nerfs de la
sensibilité spéciale ou générale
dans les cas accidentels ou
morbides. La *transmission*
est opérée par la portion du
tube nerveux étendue du point
impressionné jusqu'à l'encéphale. La *perception* est un
phénomène cérébral qui se
passe à l'extrémité encéphali-
que des éléments nerveux. Elle
peut varier suivant les conditions accidentelles ou patho-
logiques dans lesquelles se
trouve l'encéphale. (L. R.)
— *auditive*. 20 — 234 à 240.
— *de douleur*. 20 — 221.
— *gustative*. 20 — 223 à 226.
— *musculaire*. 20 — 221.
— *olfactive*. 20 — 226 à 229.
— *optique*. 20 — 229 à 234.
— *spéciale*. 20 — 220 à 240.
— *tactile*. 20 — 221 à 223.
— *de température*. 221.

SENSITIFS (*Nerfs*). 20.

SÉRUM. Liquide albumineux, incolore ou jaunâtre, qui se sépare du
caillot du sang lorsque ce liquide
se coagule.

SOUDE. Oxyde de sodium, alcali minéral.

SOUFRE. Corps simple, non métallique, dont on trouve des traces dans certaines matières organisées.

SPÉCIFIQUES (*Maladies*). Celles qui sont ou paraissent être déterminées par des causes capables de produire des désordres dont la physionomie, la marche, la durée et la terminaison pourraient être prévues avec quelque exactitude si ces causes agissaient seules. La nature des maladies spécifiques n'est pas modifiée, mais leur durée et leur terminaison sont seules influencées par les conditions organiques que présente le sujet affecté. Telles sont les maladies produites par presque tous les poisons, les venins, les virus, les principes contagieux.

SPERMATOZOÏDE. Éléments anatomiques du corps des animaux et de certains végétaux, jouant le rôle de corpuscules fécondateurs et caractérisant le sexe mâle. (L. R.). 270 — 272.

SPORADIQUE. Épithète donnée aux maladies qui n'attaquent qu'un individu à la fois, ou quelques individus isolément, qui surviennent indifféremment en tout temps, en tout lieu, et indépendamment d'aucune influence épidémique. (L. R.)

SUCRES. Principes immédiats hydrocarbonés, neutres, très-solubles dans l'eau, de saveur spéciale dite sucrée.

SUEUR. Liquides produits ou versés à la surface de la peau sous l'influence des causes qui élèvent la température du sang. La sueur est acide partout, excepté sous les aisselles, autour des parties génitales et entre les orteils, où elle est alcaline.

SULFUREUX (*Acide*). Combinaison gazeuse de l'oxygène et du soufre qui se produit quand on brûle du soufre à l'air. Son odeur est suffocante; il est très-soluble dans l'eau. Un froid de 18 à 20° le condense en un liquide incolore.

SYPHILIS. Maladie spécifique, non spontanée, transmissible par contact et par hérédité, caractérisée, à ses différentes périodes, par certains accidents dont la marche est ordinairement déterminée. (L. R.)

A une première période, la syphilis est constamment transmissible par contact. On admet qu'elle l'est à toutes ses périodes par hérédité. Enfin, on ne sait pas encore dans quelles circonstances les accidents autres que la lésion primitive sont transmissibles par contact : cette espèce de transmission a lieu quelquefois, mais elle est loin d'être constante.

SYSTÈME. On donne le nom de système à l'ensemble des éléments organiques qui, réunis ou séparés, sont caractérisés physiologiquement par des propriétés semblables.

En anatomie, c'est sur les caractères fournis par la similitude des formes qu'on se fonde pour attribuer un élément donné à tel ou tel système.

— *musculaire*. Système anatomique comprenant l'ensemble des éléments contractiles à forme de fibre.

— *Nerveux*. Ensemble d'éléments fibreux et cellulaires dont le rôle, en rapport avec la nature des parties avec lesquelles ils sont en contact, est de présider aux phénomènes de sensibilité ou de motricité. 11 à 22 — 78.

TACTILE (*Sensibilité*). 20—221 à 223.

TAFIA. 148.

TANIN. Substance végétale qui, combinée avec des bases, est un des matériaux immédiats des végétaux. (L. R.)

Le tanin est acide et appelé souvent *acide tannique*; mais le rôle qu'il joue dans l'alimentation, et, d'une manière générale, son action sur la matière organisée est bien moins en rapport avec son acidité qu'avec ses propriétés astringentes.

TARSE. Fig. 1, p. 7.

TEMPÉRAMMENTS. 85 à 92.

— *bilieux*. 90.

— *lymphatique*. 88.

— *mixtes*. 89.

— *nerveux*. 87.

— *sanguin*. 86.

TEMPÉRATURE *de l'air*. 308 à 313.

— *des boissons*. 138.

— (*Notion de la*). 221.

TENDONS. 9.

TERMINAISON *des maladies*. 387 à 392.

TESTICULES. 272.

THÉ. 153.

THERMOMÈTRE. Instrument propre à mesurer la température. Sa construction est fondée sur la propriété qu'ont tous les corps de se dilater sous l'influence de la chaleur. Les thermomètres dont les indications correspondent aux dilatations d'un liquide (alcool ou mercure) sont les plus employés.

THORAX. Fig. 1, p. 7.—Fig. 3, p. 24.

THYM. 133.

TIBIA. Fig. 1, p. 7.

TIMBRE *du son*. 237.

TISSU. On donne le nom de *tissus* aux parties solides du corps qui sont formées par la réunion d'éléments anatomiques similaires groupés entre eux d'une manière spéciale.

TONIQUE. 139.

TOUCHER. 221 à 223.

TRACHÉE. Fig. 3, p. 24. — Fig. 6, p. 35. — Fig. 7, p. 36.

TRAITEMENT *des maladies*. 395 à 403.

TRAVAIL *intellectuel*. 216 à 220.

TRIJUMEAU (*Nerf*). Fig. 2, p. 13.

TROMPE *d'Eustache*. Fig. 7, p. 36. — Fig. 11, p. 157.

— (*Pavillon de la*). 271. — Fig. 12, p. 177.

— *utérine*. 271.—Fig. 12, p. 177.

TRONC. Fig. 1, p. 7.—Fig. 3, p. 24.

TRUFFES. 133.

TUMEUR. On appelle communément *tumeur*, toute éminence circonscrite, d'un certain volume, développée dans une partie quelconque du corps.

TYMPAN (*Caisse du*). 234. — Fig. 11, p. 157.

— (*Membrane du*). 234. — Fig. 11, p. 157.

TYPHOÏDE. Voy. *fièvre*.

URETÈRE. 44. — Fig. 4 et 5, p. 29.

URÈTRE. 44. — Fig. 4 et 5, p. 29.

URINAIRE (*Appareil*). 44. — De l'homme, Fig. 4, p. 29. — De la femme. Fig. 5, p. 29.

URINE. Liquide excrémentitiel, transparent, d'un jaune citrin, d'une odeur particulière, d'une saveur saline et amère, d'une composition très-variable suivant les circonstances physiologiques dans lesquelles on la recueille. — 44.

UTÉRUS. 271. — Fig. 5, p. 29. — Fig. 12, p. 177.

VAGIN. Canal situé entre la vessie et le rectum, aboutissant inférieurement à l'extérieur, supérieurement à la matrice dont il embrasse le col. — Fig. 5, p. 29. — Fig. 12, p. 177.

VANILLE. 133.

VÉGÉTATION. 321. — 173.

VÉGÉTATIVE (*Vie*). Voy. *Vie*.

VEILLE. 260 à 268.

VEINES. 62. — Fig. 8, p. 44.

— *Caves*. Fig. 9, p. 45.

VÉNÉRIEN (*Appétit*). Désir du rapprochement sexuel.

VENINS. Liquides malfaisants que sécrètent certains animaux.

VENTILATION. 339 à 345.

VENTRE. Voy. *Abdomen*.

VENTRICULES. Voy. *Cœur*.

VENTS. 307. — 320.

VERTÉBRALE (*Colonne*). Fig. 1, p. 7.

VERTÈBRES. Fig. 1, p. 7.

VERTIGES. États dans lesquels il semble que tous les objets tour-

nent, et que l'on tourne soi-même. (L. R.)

VÉSICULES *pulmonaires*. Voy. *pulmonaires*.

— *séminales*. 272.

VESSIE. 44. — Fig. 3, p. 24. — Fig. 4 et 5, p. 29.

VÊTEMENTS. 345 à 370.

VIANDES (*Digestibilité des*). 119.

VIE *de nutrition ou végétative*. Définition. 1 à 4. — Physiologie 23 à 79. — hygiène. 111 à 198.

— *possible*. 80 à 84.

— *probable*, 80 à 84.

— *de relation ou animale*. Définition. 1 à 4. — Physiologie. 6 à 23. — Hygiène. 198 à 370.

VIEILLESSE. 105.

VIN. 141 à 145.

VINAIGRE. 130.

VIRIL (*Age*). 105.

VIRUS. Substances organiques d'une humeur quelconque ayant subi une modification telle que, sans que leurs caractères physico-chimiques soient notablement changés, elles ont pris la propriété de transmettre l'altération acquise aux substances organiques avec lesquelles elles sont mises en contact. (L. R.)

VITALES (*Propriétés*). 407.

VITALISME. 404 à 406.

— *organique*. 406.

VITRÉ (*Corps*). 229. — Fig. 10, p. 153.

VIVISECTIONS. Action d'ouvrir ou de disséquer des animaux vivants pour étudier l'action des organes. (L. R.)

VOCALES (*Cordes*). Fig. 7, p. 36.

VOILE *du palais*. Fig. 7, p. 36.

VOIX. 255 à 260.

VOLONTÉ et *automatisme*. 200 à 202.

VOUTE *du palais*. Fig. 7, p. 36.

VUE. 229 à 234.

ZINC. Métal d'un blanc un peu bleuâtre, facilement fusible et laminable.

— (*Toitures en*). 330.

ZOOLOGIQUES (*Classifications*). Distribution méthodique des animaux en un certain nombre de classes où se trouvent réunis ceux qui offrent la plus grande somme de caractères communs.

ZOSTÈRE. Plante marine à tige rampante et à feuilles allongées, qui croît sur presque toutes les côtes.

FIN DE LA TABLE-DICTIONNAIRE.

TABLE DES MATIÈRES

DEUXIÈME PARTIE

LA SANTÉ

HYGIÈNE

CHAPITRE VII

CHAPITRE VIII

TROISIÈME PARTIE

LA MALADIE

NOSOLOGIE

CHAPITRE IX

CHAPITRE X

FIN DE LA TABLE.

CORBEIL, typ. et stér. de CRÉTÉ.

9 782019 657123